生态学

不列颠图解科学丛书

Encyclopædia Britannica, Inc.

中国农业出版社

图书在版编目（CIP）数据

生态学 / 美国不列颠百科全书公司编著；
伍锋, 徐锡华译. -- 北京 : 中国农业出版社, 2012.9（2016.11重印）
（不列颠图解科学丛书）
ISBN 978-7-109-17011-7

Ⅰ.①生… Ⅱ.①美… ②伍… ③徐… Ⅲ.①生态学
—普及读物 Ⅳ.①Q14-49

中国版本图书馆CIP数据核字(2012)第194744号

Britannica Illustrated Science Library

Ecology

© 2012 Editorial Sol 90
All rights reserved.

Portions © 2012 Encyclopædia Britannica, Inc.

Photo Credits: Comstock/Jupiterimages, Corbis, Getty Images

不列颠图解科学丛书

生态学

© 2012 Encyclopædia Britannica, Inc.
Encyclopædia Britannica, Britannica, and the thistle logo are registered trademarks of Encyclopædia Britannica, Inc.
All right reserved.
本书简体中文版由Sol 90和美国不列颠百科全书公司授权中国农业出版社于2012年翻译出版发行。
本书内容的任何部分，事先未经版权持有人和出版者书面许可，不得以任何方式复制或刊载。
著作权合同登记号：图字 01-2010-1433 号

编　　著：美国不列颠百科全书公司
项 目 组：张　志　刘彦博　杨　春
策划编辑：刘彦博
责任编辑：刘彦博　梁艳萍
翻　　译：伍　锋　徐锡华
译　　审：张鸿鹏
设计制作：北京亿晨图文工作室（内文）；惟尔思创工作室（封面）
出　　版：中国农业出版社
（北京市朝阳区农展馆北路2号　邮政编码：100125　编辑室电话：010-59194987）
发　　行：中国农业出版社
印　　刷：北京华联印刷有限公司
开　　本：889mm × 1194mm　1/16
印　　张：6.5
字　　数：200千字
版　　次：2013年3月第1版　2016年11月北京第2次印刷
定　　价：50.00元

版权所有 翻印必究　（凡本版图书出现印刷、装订错误，请向出版社发行部调换）

生态学

目录

第1页照片

密歇根州一座矿山，冲洗铁矿石后受污染的深红色水流。

最古老而又最新颖的科学

很久以前，当人类还居住在洞穴里时，就养成了与其他动物不同的习惯，即开始利用生态学。人类通过基础的本能行为，敏锐地观察着自然界，如追踪大型动物和小型猎物，区分可食用植物与有毒植物，并注意到一年之中不同的季节可以收获不同的植物。出于生存的需要和与生俱来的求知欲，人类开始了解生命体与环境的关系。随着研究领域的拓展，生态学关注的已不再仅仅是对世界上的生物进行简单的分类。生态学家开始对生物体的运作方式，以及它们之间、它们与环境之间的关系萌生了浓厚兴趣，并以此来解释那些使地球变得如此独特的生命现象。

收获小麦

肥沃的土壤远不仅仅是“泥土”。农民都知道，要种出好庄稼，维持土壤的生态平衡非常重要。

这是一门特殊的学科，包罗万象，如此复杂，直到19世纪其科学基础才得以奠定，正式研究才刚刚起步，而“生态学”这个词也才开始出现。本书将对这门学科进行详细介绍。

我们将首先了解什么是生态学以及什么不属于生态学的范畴（有时候这一词语被错误地用做环境保护的同义词）。接着，我们看看如何对生命体进行分类，然后研究生命体生活的环境——陆地、水和空气。

本书将带你踏上一段充满新奇信息和精美插图的奇幻旅程，下一站我们将关注地球上令人惊奇的多种多样的生物体的组织与分类。生命体首先按照亲缘关系分为种群，然后根据其共同享有的空间分为群落。探索生物之间相互作用的方式将揭示某些物种之间非常残酷的行为，如天敌与猎物之间的活动，或为了同一资源而竞争的不同物种之间的活动。这种探索也将揭示物种之间相互受益的奇妙关系。

然后我们就会理解无生命的物理环境会如何影响、改变甚至决定这一系列复杂的交互作用的特性。此时，我们将给“生态系统”下定义，并了解物质和能量如何在生命体与非生命体系统之间传递，这些概念对进一步研究世界上各个主要生物群落区是必要的。我们将审视陆地和水生生物群落区，以及在这些群落区中发现的有特色的动植物物种，包括那些濒临灭绝的物种。最后，我们将考察人类在生物圈中的位置：他们的活动方式如何改变着大自然，甚至正在创造新的生态系统。在城市中心，不同的物种利用新的策略来应对“水泥丛林”对生命的挑战。尽管人类带来了环境破坏，但是仍有一线希望——人类的天赋也能用来保护环境，减少自身活动引发的危害。

生态学：绪论与背景

任何地貌，从干燥的沙漠到雨林，都有着令人惊异的多样化的生物在活动。各种生物似乎都在扮演着某种角色，忙忙碌碌地各司其职。我们如何才能了解环境中发生的变化呢？如何确定控制着生命体行为的机制呢？了解生态学是一项艰巨的任务。第一步，我们将调查生命体

水道

你能够想象日常生活中没有水的景象吗？环境保护主义者说，考虑到可用水的存储量正日益减少，在不久的将来人类将不得不面临这种可能。

周围的各种介质：水、陆地和空气（空气同陆地和水一样重要，虽然生存其间的种群要少得多）。然后我们将把生命体划分为五个主要的界，即动物界、植物界、真菌界、原核生物界和原生生物界。翻开下一页，开始探索生态学的世界吧。●

什么是生态学？

生物学的某些分支（例如动物学和植物学）致力于对生命体的研究。其他的学科，例如地质学与气象学，研究环境中的非生命体部分，包括地球的构成、天气现象、火山活动等。然而，生态学却是从这些科学中各取出一部分，用来观察群落中生物的相互作用以及群落与环境的相互影响。通过这种方式，生态学尝试解释生物多样性、物种的分布以及生态系统的运行方式，也试图预测未来的变化及其可能会带来的后果。●

组织形式的层级

为了帮助理解复杂的生命现象，生态学家将生命组织形式分为不同的层级。

在某个给定区域中，同一物种的一组个体构成一个种群；在同一时期共同生活在同一地区的不同生物种群构成一个群落；与环境中的非生命体相联系的群落形成一个生态系统；所有的生态系统一起构成生物圈。

25

这是用以构成生命体的化学元素（在92种天然化学元素中）的大致数目。

40 000

这是19世纪时人类所知的植物种数，今天所知的约有50万种。

个体 种群 群落

关系

生态学特别强调生命体在本物种内部（种内关系）和在群落的不同物种之间（种际关系）建立起的复杂关系。

照片中的蚂蚁一起觅食（种内关系），因此能够捕获比任何一只蚂蚁都大得多的猎物。蚂蚁和蠕虫之间的关系（捕食关系）为种际关系。

生物多样性

地球上存在的生命体物种的总数尚不确定，然而，它们生存方式的多样性令人惊叹不已。这种多样性在生态系统的稳定性中发挥着重要的作用。

作为海马的奇妙近亲，叶形海龙(*Phycodurus eques*)在接近藻类时几乎完全消失了，是完美的伪装将它隐藏了起来。

循环

就像能量一样，在生态系统中，养分和其他物质通过活的有机体进行转移，在这个过程中，物质被不断利用，形成循环。

蚯蚓、蛔虫、细菌和真菌构成一组生物，被称为“分解者”。它们以动物的排泄物、死亡动植物的残骸为食，使养分重回土壤，使养分被植物再次利用。

能量的流动

在研究生态系统时，至关重要的是确定能量在生物之间转移的方式。

分布

环境因素（诸如气候、地理和土壤成分）决定了不同生物群落区中物种的分布。

冰雪荒漠是生物群落区中生物多样性最贫乏的地区，但是那里的某些生物体的适应能力却令人称奇。

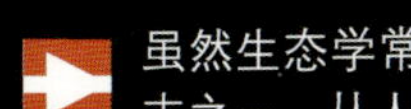

生态系统

生物圈

生态学的里程碑

虽然生态学常常被认为是最新的科学分支之一，但其实它也是最古老的科学分支之一。从人类还只是游猎者之时起，他们就必须关注生命体之间的关系。

公元前4世纪

亚里士多德和他的弟子泰奥弗拉斯托斯创作了关于生物体间关系的第一批论著。

19世纪

博物学家开始了伟大的海洋探索，洪堡首次描述了生物与气候间的关系。

缪比尤斯提出“生物集群”这一术语，用以阐述这样一种概念，即群落中的各种物种不是相互独立的。达尔文发表了《物种起源》。研究群落时，他把非生命因素（非生命体）考虑进来，气候变暖为这门新学科奠定了基础。

1866年

欧内斯特·海克尔提出了“生态学”这一术语，使这门新学科得到了认可。

1926年

弗拉基米尔·维尔纳茨基发表了专著《生物圈》，阐述了生物圈的概念，并讨论了主要的地球生物化学循环。

1935年

亚瑟·坦斯利提出了“生态系统”这一术语，用来指称生物群集（一组生命体）与生命群落生境（它们生存的环境）之间的相互作用。

1979年

詹姆斯·拉夫洛克发表了《地母盖亚：地球生命的新视野》，他认为地球上的生命体与非生命体元素之间通过相互作用，形成独特的有机体，它能通过自我调节，来维持对生命有益的各种条件。

五种生物界

为了更好地了解大自然，必须创立一套系统来对似乎无穷无尽的生物体组织进行分类。数个世纪以来，这个重大问题一直是博物学家们提议、争执和辩论的主题，迄今仍然没有完全解决。不过，有几个对生物体进行分类的方法已经被确立，这些方法着眼于不同种群的形态学特征（或物理特征）及其进化史，用于确定生物体之间的关系。●

通用性名称

生物体通常有两类名称，常用名和学名。常用名是大多数人采用的名称，但是常常会因为地区不同而产生差异。当提到某种具体生物时，采用来源于拉丁语的学名，则能够保证世界上任何研究者都不会产生混淆。

大白鲨的拉丁学名是*Carcharodon carcharias*（噬人鲨）

亚马孙河海豚、粉红海豚、亚马孙江豚、步菲江猪都是同一种动物——亚马孙河豚（*Inia geoffrensis*）的常用名。

双名法
按照规定，学名一般由拉丁词组成，并以斜体字标示。

Inia *Geoffrensis*

第一个词表示属，其首字母大写。

第二个词是限定词，与第一个词共用，表示物种。

34

这是动物界被大致分成的门数，仅软体动物门（包括蜗牛、章鱼、贝类等）就包括大约90 000个物种。

对生命分类

曾经有一个时期，所有生命体在形式上仅仅被分为动物和植物这两个界。如今虽然还存在其他少数有争议的分类系统，但是最为广泛接受的分类法是把生物体分为五个界。

1 动物界（各类动物）
多细胞生物体。它们的细胞是真核细胞，没有细胞壁。一般而言，它们能够依靠自身的能量移动。

150万

这是已得到科学描述的物种数量，这可能仅代表了世界上所有物种的5%而已。

2 植物界（各类植物）

多细胞生物体，它们的细胞是真核细胞，带有细胞壁。它们能够通过一种被称为“叶绿素”的色素，从阳光中捕获能量，生产和储藏所需的养料。

3 原生生物界（原生生物）

单细胞与多细胞真核细胞生物体，不属于其他任何一个生命界。它们包括裸藻、甲藻、真菌和其他真核细胞微生物（在真核细胞中，细胞的遗传材料集中在染色体中，并由一个核膜将它与细胞的其他部分分隔开来）。

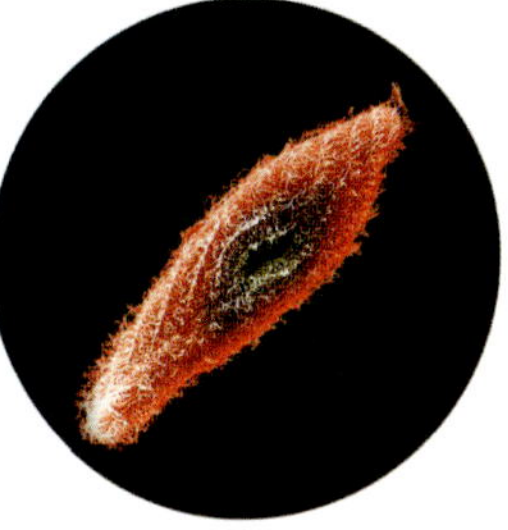

被放大了1 500倍的草履虫（*Paramecium sonneborni*）。

4 原核生物

单细胞生物体，它们是原核生物，有着相对原始的细胞。与真核细胞不同，原核生物的遗传物质不是由核膜包裹着，而是在一个细胞质室内。

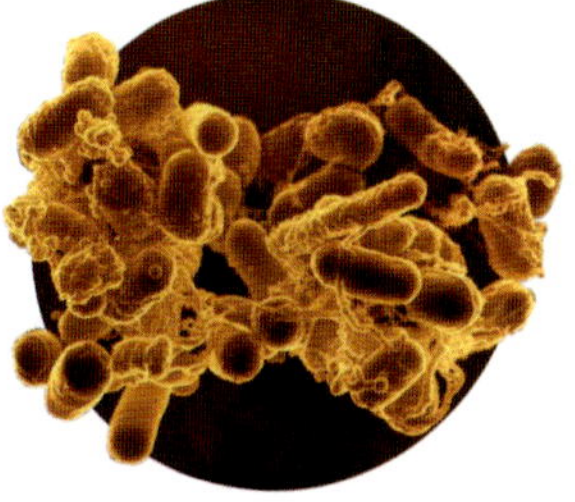

大肠杆菌菌落（*Escherichia coli*）。每个细菌的长度不到人类头发直径的1/100。这些细菌（如沙门氏菌等）会引发多种人类疾病。

5 真菌

它们是真核生物。过去，真菌曾被列入植物界，但现在被独立分类。它们的细胞结构与植物的大不相同，其中的一个特点是它们会形成孢子。

等级顺序

生物体被纳入一个系统，其中某些组又被列入更大的组。例如，域被分为界，界进一步被分为门，门又被分为亚门，如此一直往下分，直到种这一层级。

例如：人类的类属

域： 真核细胞域（细胞含线状DNA、细胞骨架、核膜及其他内部膜的生物体）。

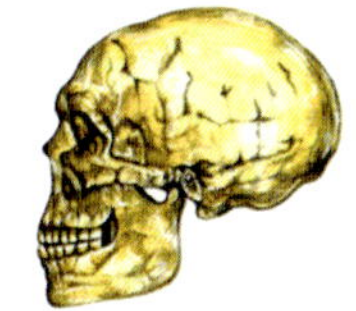

尼安德塔人

界： 动物界（摄取食物的多细胞生物体）。

门： 脊索动物门（在生命周期中的某个阶段，它们有一个中空背脊神经索和咽鳃裂）。

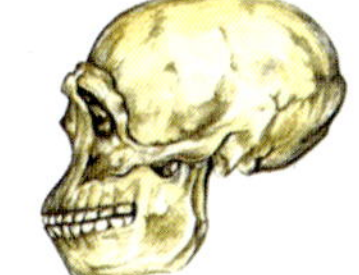

直立原始人

亚门： 脊椎动物亚门（具有包在脊柱中的神经束的动物）。

超纲： 四足动物超纲（具有四肢的陆生动物）。

纲： 哺乳纲（幼仔由来自乳腺的乳汁喂养；皮肤上有毛发；暖血动物）。

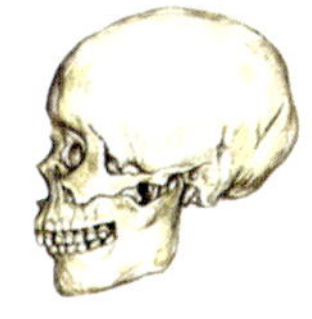

智人

目： 灵长目（有指头与扁平的指甲，嗅觉较差，有树居习惯，或至少其祖先有树居习惯）。

科： 人科（双足行走，面部较平，前视，能分辨色彩）。

属： 人属（利用语言交流）。上图所示为人属中三个物种的头骨。

种： 智人（具有突出的下颚，体毛很少，较高的额头）。

一种新的分类法

人类对生物体进行分类的最佳方法还在继续发展。一种新提出来的分类法是在“界”的上一级增加“域”的概念。据此，生物体被分为三个域（两个原核生物域和一个真核生物域），进一步再分为不同的界。

确定亲缘关系

通过研究进化过程可以发现，看上去差异很大的生物体有可能具有亲缘关系或共同的祖先。

同源结构

这可以是对等结构（例如蝙蝠的翼和鸟的翅膀）或不同的结构（例如鸟的翅膀和人的手臂）。然而，同源结构却有着共同的起源，因此显示出某种程度的亲缘关系。

类似结构

虽然这些结构看似相同或对等，但仔细分析却能发现它们具有独立的起源（例如鸟类的翅膀与昆虫的翅膀），它们是生物体对特定环境采用了相似的适应策略导致的结果。

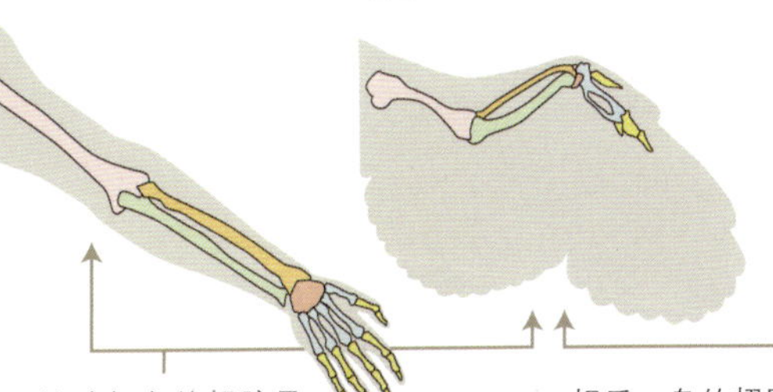

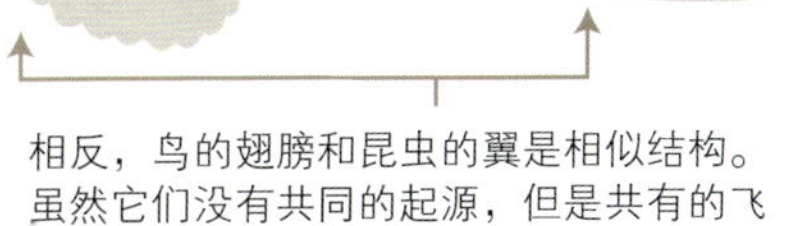

人的臂与鸟的翅膀是同源结构。虽然它们很不相同，却有着共同的起源。

相反，鸟的翅膀和昆虫的翼是相似结构。虽然它们没有共同的起源，但是共有的飞翔能力代表着相似的适应策略。

虽然鸟类与人类存在很大的差异，但两者之间的亲缘关系比鸟类与昆虫之间的更密切。

土　壤

有关大自然的任何研究都需要考虑土壤的重要性。土壤是陆地各种生物赖以生存的基础，它通常是生态系统最首要、也是最重要的养分来源。但是，并非所有的土壤都是相同的，它们各有差异。深入地了解土壤，你会发现我们脚下的世界有许多令人惊异的细微之处。

一种名称，多重土层

地表以下的土壤由多重土层构成。各个土层的结构、成分和厚度取决于它形成过程中的多种因素，如矿物质类型、气候条件、生存于其中的生物和形成土壤所经历的时间。所有这些土层都位于基岩之上。

500年

这是形成一层2.4厘米厚的肥沃土壤所需要的时间。

腐殖质

1 **A层**
这是最上面的土层，其中积累了腐殖质。腐殖质是土壤中的矿物成分与有机物混合而形成的，它滋养着大量的各种微生物。如果下雨了，水就会溶解A层中的某些成分，并将它们带到下面的土层中。

2 **B层**
该层黏土较多，富含矿物质，尤其是铁氧化物和石灰质。该层所吸收的物质既来自A层，又来自C层。

3 **C层**
这一层的特性和B层类似，但这一层包含着那些尚未风化的基岩碎片，而此类碎片在B层则已风化。

4 **R层**
又称为基岩或固结岩，土壤的其他部分就附着在这层基岩上。它慢慢地向上面的土层供给矿物质。

根据土壤的具体特性，每个土层又可以进一步分为更细微的不同土层。

从岩石到土壤

土壤的形成要经历漫长的过程，一般需要数千年。印度、非洲和澳大利亚的某些土壤的形成时间超过了200万年。土壤的形成过程从气候与岩石之间的相互作用开始，后来又受到了生物作用的影响。

1 暴露在大气中的岩石开始风化，并且受到侵蚀。

2 有机物质渗透进岩石裂隙，加速了岩石的分解。

3 有机物质与岩石的矿物质结合在一起，逐渐形成腐殖质，土壤层开始成形。

4 土壤已经形成，并且进一步发展。植被的生长使腐殖质进一步加厚。

特性

由于自然环境的差异，不同的土壤具有不同的物理特性和化学特性。以下是土壤最重要的特性：

颜色

识别各种不同土壤最有效的方法之一是观察它们明显的颜色特征。

黑土
黑色的土壤一般富含有机物质。它们结构优良，非常肥沃。

红土
红色的土壤一般富含氧化铁，不太肥沃。它的存在表明该地区气候温暖，湿度小。

黄土
黄色的土壤不肥沃，有的甚至比较贫瘠。

棕土
棕色的土壤中有机物质含量很少，肥沃程度各不相同。

白土
白色的土壤与浅色矿物质有关（如方解石、石膏、硅酸盐以及其他盐类）。有时它也表明了水土的流失。

灰土
灰色的土壤极可能曾经是水分饱和的土壤，这样的土壤尽管早期缺氧，却有细菌活动。

结构

用放大镜或显微镜可以看到，土壤是由无数大小不一的颗粒组成的。这种特性是非常重要的，它决定了土壤的孔隙度、透气性及保水能力。

170

这是土壤中可能出现的颜色数目。

土壤颗粒按照粒径大小可以分为：

沙

泥沙

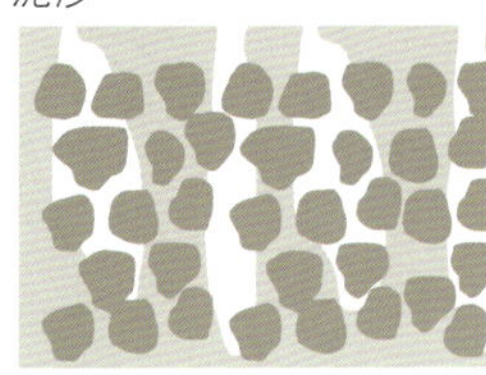

黏土

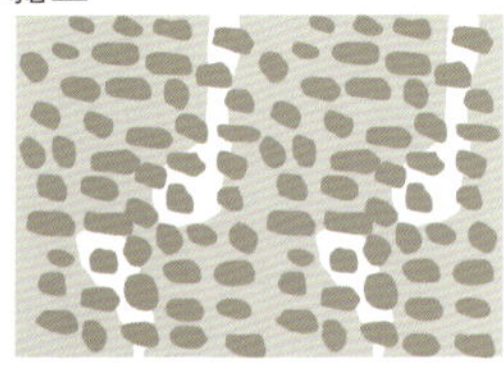

通过土壤物理结构三角表，可以识别土壤的成分。

土壤一般由矿物质颗粒、空气和水构成，有机物质仅占5%。

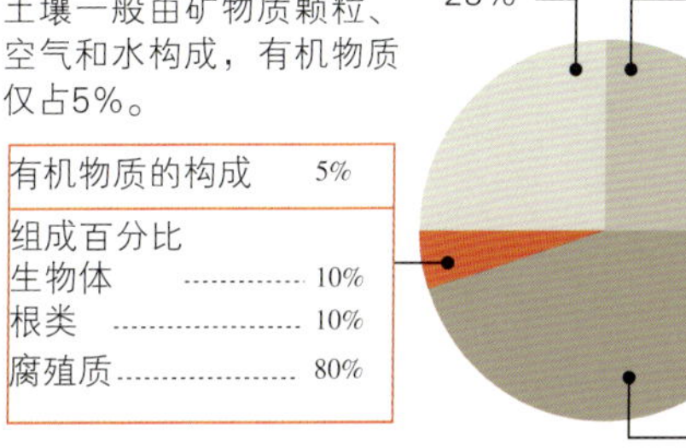

有机物质的构成	5%
组成百分比	
生物体	10%
根类	10%
腐殖质	80%

酸度

酸度或碱度是土壤另一个极其重要的特征，可以用化学方法测定。

0 7 14

酸性 **中性** **碱性**

土壤的pH为7，属于中性。pH小于7为酸性，而大于7为碱性。一般农用地土壤的pH在5.5~6.5，呈弱酸性。

微型宇宙

在土壤内的腐殖质和动植物残骸中有一个微生物宇宙，这些微生物将此类物质分解成简单的有机化合物，使它们重新回到土壤中。

10亿

这是在1立方米的肥沃土壤中生活着的微生物的数量。

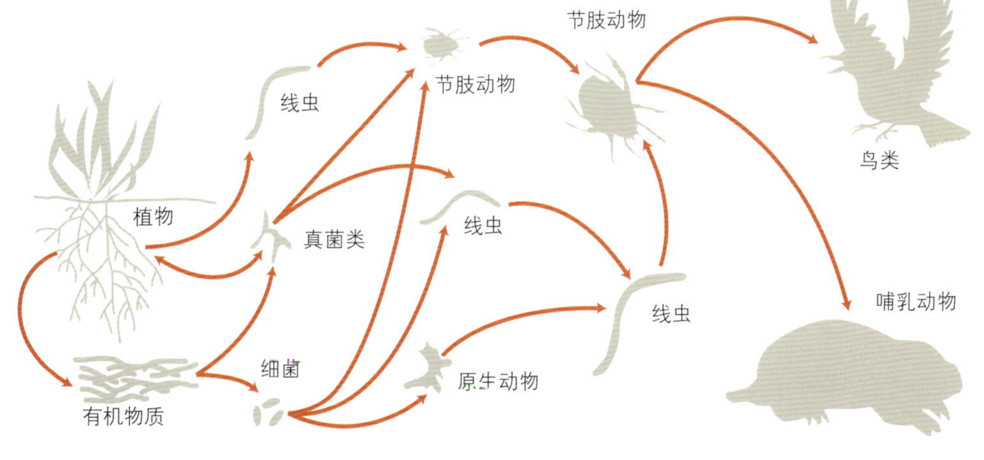

水与空气

如果没有水，我们所知的生命就几乎不可能存在。这种奇妙、令人惊异的物质大约占地球表面积的70%，并且活的生物机体的大部分也是由水构成的。空气则是生命体所需的氧气的来源，而且在气候变化、地理变迁、物种分布等方面都发挥着主导作用。要研究生物圈就必须了解水和空气的性质。

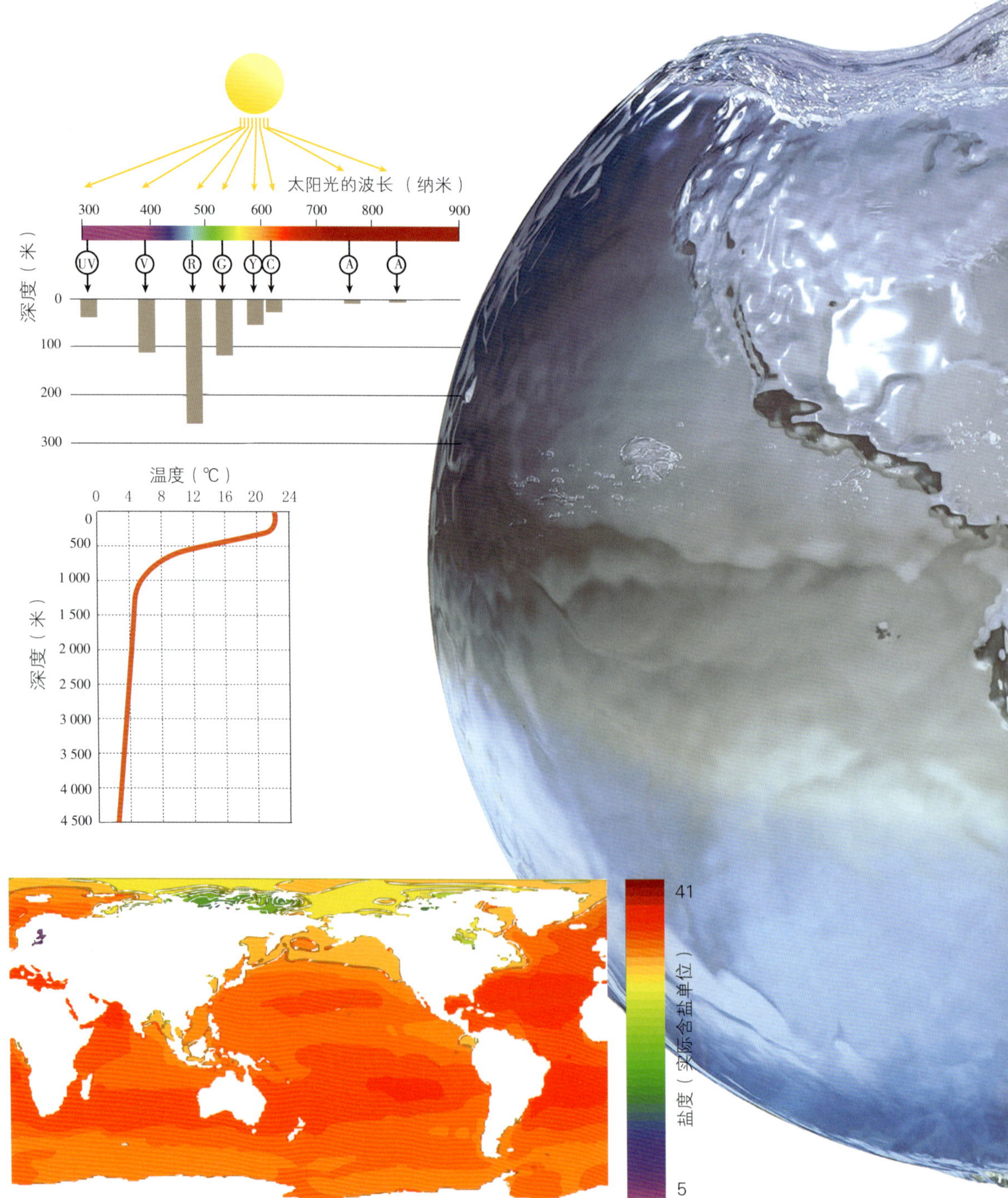

光的吸收

水对光的吸收量和水的含盐量，在很大程度上决定了在水生环境中可以发现的生命种类。在水面以下的数米之内所发现的生命体最多，而该范围内阳光的穿透性也是最好的。在250米以下的深度，几乎是完全黑暗的。

温度

组成水生环境的另一个很重要的因素是水的温度。在海洋中，温度随水深度的增加而降低，但是这种降低并不是完全渐进的。由于太阳辐射很弱，在水深约150米处会出现一个过渡区，在这个区域水温会突然下降，被称为“温跃层”。在水深1 000米以下处，温度的下降又恢复为渐进式了。

盐度

海水与陆地上的水体的差异在于它们的盐度不同。海水中的盐的类型主要是氯化钠（食盐），而淡水水体中的盐类主要为碳酸氢钙。该图显示的是海洋表面海水每百万单位的含盐量。

6 000米

这是生命体能够生存的最高海拔高度，超过这个高度很少有生物可以承受其低温、低压和缺氧的极端条件。

空气的属性

从生态学的角度看，不存在空气生态系统，因为在空气中活动的生物体需要土壤和水来维持生命。然而，在影响地球生命的各种过程中，大气是极其重要的。

特殊的适应能力
一些生物体已经建立了适应能力，如生长羽毛、具有较低的身体密度和很轻的重量以及特殊的器官，从而使它们可以在空中飞行，充分利用空中环境。

风
风是空气环境的特殊现象，它通过对气候（特别是对温度和湿度）的重大影响，以及对海洋洋流形成的重要作用，影响着陆地和水生生态系统。多种动物、种子和养分还可以随风长途迁移。

水分
空气中含有水蒸气，它有助于配送陆地生物所需的水。

侵蚀
侵蚀的过程经由地形耗损而改变地貌，这也影响着某些养分的分布。

空气的供给
大气中含有各种动物、植物和微生物生存所需的气体。

保护作用
地球的大气层中含有一个臭氧层，它保护地球生命免受来自太阳有害紫外线的辐射。它还含有各种温室气体，调节着地球表面的温度。另外，臭氧层还起着某种盾牌的作用，防止太空中的许多流星直接冲击地球表面。

温度
影响地球生命的最重要的变量之一就是温度。一般来说，虽然大气温度会随海拔高度变化而变化，但是接近地球表面的空气热度曲线却是由许多因素共同决定的。

大气压
从技术层面上讲，大气压是压在地球表面上的空气的重量。大气压力随海拔高度的升高而降低，这就要求生活在高海拔环境中的各种生物具有特殊的适应能力。大气压在风的形成过程中也发挥了重要作用。

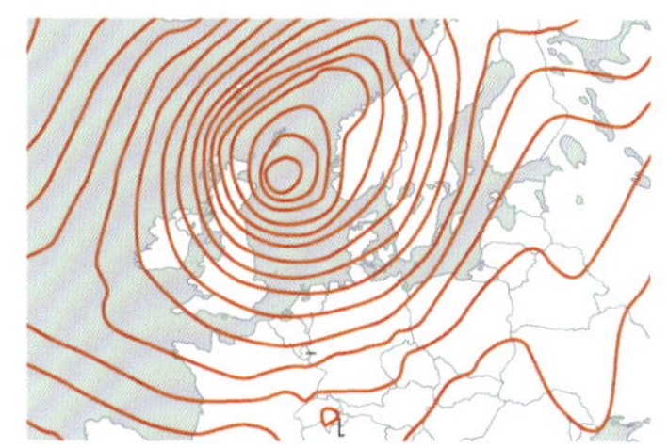

气象学家将大气压力相同的各个点用线连接起来，称为“等压线”，用于分析天气情况。

臭氧层空洞
春天，极地区域的臭氧层密度会急剧下降，从而会导致“臭氧层空洞”。随着工业排放的氯氟烃气体的增多，臭氧层空洞问题将更加严重。

空气的成分构成

氧气 20.9%
大多数生物呼吸所用的气体。

次要气体 0.3%
大气中还含有其他一些不太常见的气体，如二氧化碳、甲烷、氢气和惰性气体（如氦、氪和氖）。

氩 0.9%
一种惰性气体，当有电流通过时能发出耀眼的光芒，可以在照明中使用。

氮气78%
这是植物生长所需的基本元素。

火星
虽然火星大气层中的气体成分与地球大气层的极为类似，但是它们的比例却有很大的不同。因此，火星大气不能支撑复杂的生命生存，但是不排除一些能承受极端条件的简单的生命形式存在，如某些细菌，它们能够承受火星表面的极端条件。

二氧化碳	95.32%
氮气	2.7%
氩气	1.6%
氧气	0.13%

研究大自然

大自然以经过数百万年进化形成的微妙平衡状态运转着，如果我们消灭掉某种食物链顶层的掠食物种（如老虎或大白鲨），其猎物不仅不会繁荣，反而会成为濒危物种，而且整个生态系统也会发生变化。生态系统涉及生命体与非生命

活动中的蜜蜂
由于存在一种人类知之甚少的被称为“蜂群崩溃紊乱”的现象，成群的蜜蜂以一种惊慌错乱的方式消失了。这些昆虫能为许多植物授粉，包括很多蔬菜和水果。

体之间能量与物质的流动。生态学家将生命划分为种群与群落，来帮助理解这种平衡状态，他们研究种群与群落之间的关系。考虑到生物体生存的环境，他们对生态系统进行研究，从而了解一切是如何作为一套机制共同运转的。●

种 群

生物学家认为，所谓种群就是在同一时间和空间内共生共存、相互作用、相互交配繁殖的一群个体。为了对复杂的生态系统有更深刻的了解，研究种群动态极为重要。此外，对于用作食物（如鱼）或工业原料（如树木）的各种物种的密度、死亡率、分布以及生存状况等种群数据的收集，使得以理性和负责任的方式对资源进行管理成为可能。

种群的特点

种群研究涵盖许多课题。通过调查研究可以了解各种个体的分布以及它们的自我组织方式。此外，种群研究还包括绘制生长曲线以及对限制生长的各种因素的研究。

生与死，来和去

就一个特定的种群来说，表现其行为特点的主要指标是出生率、死亡率以及迁入和迁出的比率。这些参数有助于确定种群究竟是在增加还是在减少。

如果出生率和迁入率大于死亡率和迁出率，则表明种群数量在增加。

分布

种群的个体在特定的环境中可能会以三种不同的方式分布，最终要取决于各种力量的平衡作用，这种平衡作用或者会把这些个体汇集一地，或者将它们四散分开。

随机分布
这类分布是不规则的，某个个体所处的位置并不会影响到其他个体。

均衡分布
这类物种个体以均衡或平均的方式分布。因此，不会由于某个个体的出现而减少在附近发现其他个体的可能性。

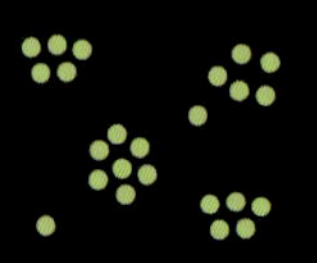

成组分布
这类物种以成群（例如羊群或蜂群）的形式出现。因此，找到了其中的某个个体就增加了在附近找到其他个体的可能性。

分布密度

种群的密度就是在一定的（表面）单位面积内生存的个体数量。如果一个种群的规模低于一定的数值，该种群就可能会消失。

右图显示了位于阿根廷北海（与阿根廷毗邻的大陆架）的阿根廷鳕鱼（*Merluccius hubbsi*）的数量。由于过度捕捞，如果以吨计算，该种群已经低于关键的最小临界值，面临种群灭绝的风险。

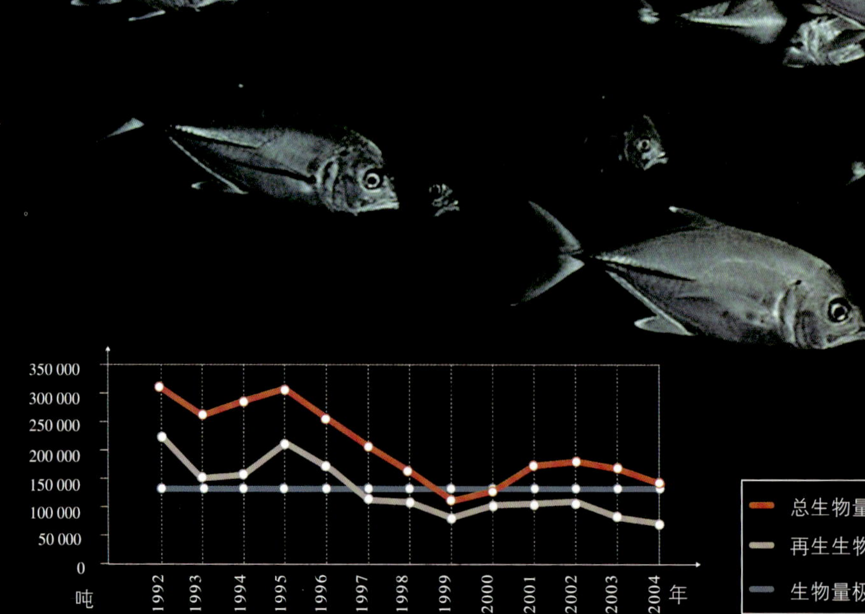

物种内部的关系

同一种群内相同物种的个体以不同的方式相互联系。各种形式的竞争与合作，对于该群组的总体发展会产生影响。

领地意识

每个个体趋向于将自己同其他个体隔离开，并对某一个领地进行控制，以避免过度开发该领地的资源。正如图片所示，对几种鸟类物种中有关领地划分的研究表明，同一物种的个体决不会居住在同一空间。但是，不同物种的个体却能够共享某一特定区域，因为它们利用的资源不同。

蓝山雀（*Parus caeruleus*）与其他物种的鸟类共同分享它的领地，但却没有与其他蓝山雀共享同一领地。

群集度

某些动物倾向于以组为单位成群结队地生活在一起。这样的组合可以是临时的，也可以是永久的，结合的紧密程度各不相同。一般来说，群组有利于寻找食物、提供保护、组织迁移以及照顾后代等。组合的实例包括家族、集落（如珊瑚）和群集（如蚂蚁和蜜蜂）。

某些昆虫（如白蚁、蚂蚁以及蜜蜂）自身组织为群集，群集内的每个个体成员都发挥着各自的特定作用。如果被排斥在这个群集之外，单个个体在数小时内就会死亡。

限制因素

种群的增长潜力通常是非常大的，但是它总是会遇到各种限制因素的阻碍。这样的限制因素可能是食物来源的枯竭、气候的突然变化或者捕食者的出现。

指数型增长

当种群占领了一个新环境，而在该环境中同类物种的成员尚未饱和，这个种群的数量就会呈指数形增长，也就是说会出现不受密度影响的物种种群的增长。如果限制因素是资源的可用性，那么在资源被用尽时，该种群的死亡率就会增加。如图所示，有时这是一种周期性的过程。

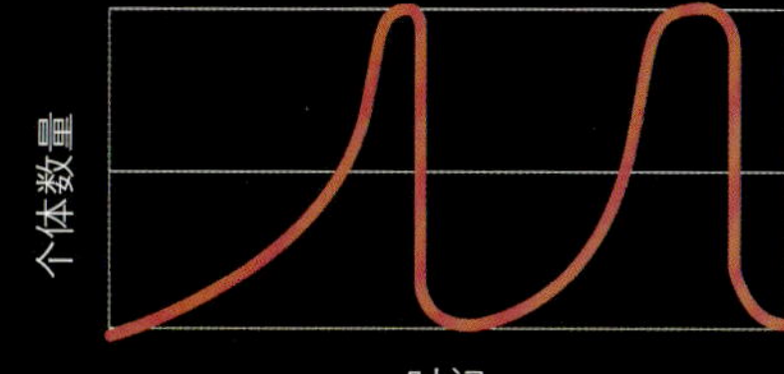

逻辑型增长

在大多数物种中出现的是逻辑型增长。开始阶段的增长速度是呈指数型的，一旦达到了环境的承载限度（K，表示在给定的环境中可以生存的最大个体数量），种群数就会趋于稳定。当然，它会在大于或者小于承载限度的小范围内波动。

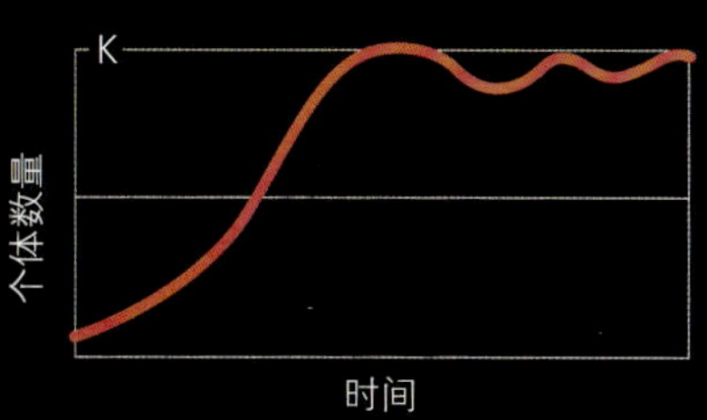

100平方千米

这是一只雄性美洲狮（*puma concolor*）占据的领地范围，其他雄性美洲狮是不能进入该领地的。

5.6万亿

这是一年内一只雌性普通家蝇（*Musca domestica*）所能够繁殖的后代总数，假如它们都成活的话，一共可以有七代。

群　落

种群是分享相同的物理空间、相互影响并能够繁殖后代的同一物种个体的聚集。群落则是生活在同一环境并且相互影响的不同物种种群的集聚。对群落的研究揭示了各个物种之间相互作用构成的复杂网络。每一个物种都需要制定各自不同的生存策略，以捍卫自己的领地，防止自己从群落消失。

邻里关系

组成群落的种群之间的关系可能非常复杂多变，但是几乎所有的关系都可以归结为捕食、共生、竞争这三类。

捕食

就是一种生物体将另一种生物吃掉，指动物被动物吃掉、植物被动物吃掉以及动物被植物(食肉植物)吃掉的现象。

捕食者和猎物种群之间会相互调节。如果捕食者的攻击性变强，猎物数量就会下降。此时，可以获得的猎物数量往往成为限制因素，捕食者繁衍的后代就会减少。同样的道理，一旦捕食者减少了，猎物种群就又会得到恢复。

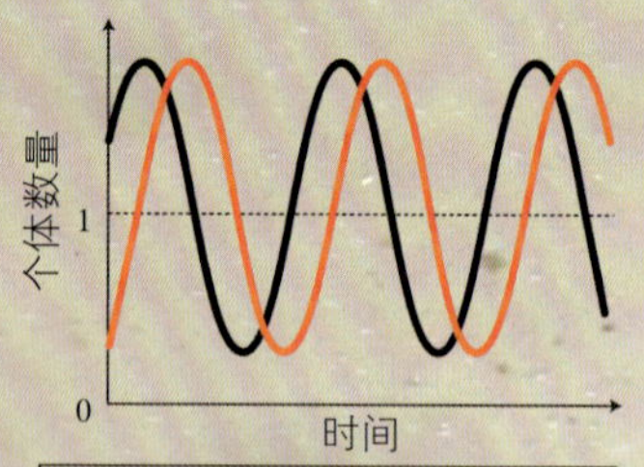

捕食者和猎物之间的“战争”导致了双方狩猎技术与防守方法的不断改进。其中最令人惊奇的防御手段是伪装。这里展示的是某些物种，如钩粉蝶（*Gonepteryx rhamni*），施展的伪装术。

科学实验表明，捕食者的出现促进了生物多样性的发展。此外，捕食者的存在有助于确保猎物物种的后代是最强壮、适应性最好的品种。而较强壮和适应性较好的猎物也促进了捕食者物种产生类似的发展。

110千米/小时

这是猎豹（*Acinonyx jubatus*）在狩猎时可以达到的奔跑速度，猎豹是世界上跑得最快的陆生动物。

竞争

当不同的物种都需要同一种稀缺的资源时，就会出现竞争。如果两个物种之间进行的是直接竞争，则只有最适应生存的物种才能够占上风，而另一物种就会消亡。而从另一方面看，如果两者之间没有一个物种能够压倒对方，那它们就可以共存，虽然这种竞争会降低生态系统某些部分的效率。

互斥原理

20世纪30年代的经典实验表明，两个物种为了争夺有限的相同资源而进入了直接竞争时，只有一个物种能够存活下来。

当对两种草履虫（原生生物界的单细胞生物）进行独立培养时，人们观察到它们生长的模式相似。但是后来将它们放在一起培养时，由于双核草履虫消耗资源的效率比尾草履虫高，在不到20天的时间内，失败的尾草履虫就灭绝了。

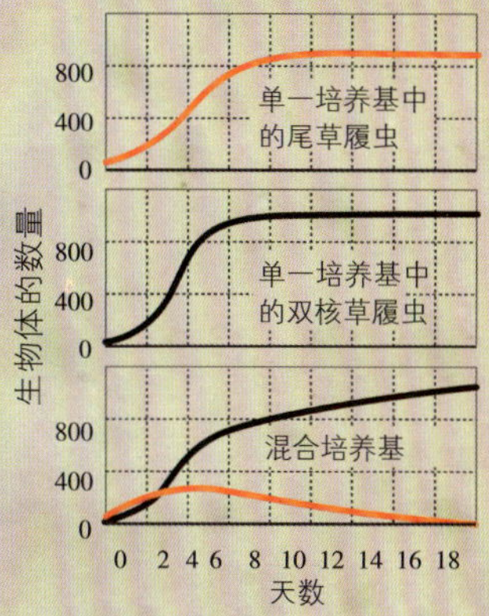

生态位

互斥原理无法解释为什么两个外观类似、所需资源相同的物种却能够共同生存，而不会造成对方的消亡。现在人们已经发现，资源能以某种方式进行分割（分配）。或许某个物种白天利用某一资源，而另外一个物种晚上利用该资源。某些资源（如种子）也可以根据其大小和部位来进行分割。

每一物种在群落中都占有一个独特的生态位。生态位是一个整体环境，既包含了这一物种，也包括该物种所需要的资源和适合该物种生长发育、施展行为的物理条件等一切。

虽然长颈鹿、长颈羚（*Litocranius walleri*）、羚羊和犀牛看似在争夺相同的资源，但是，实际上它们已经对这些资源进行了划分：长颈鹿吃最高部分的枝叶；长颈羚竖起两条后腿，站着吃中间高度的枝叶；而羚羊和犀牛吃树木最低部分的枝叶。

共生关系

两个物种之间建立的永久性关系被称为“共生关系”。在某些情况下，两个物种会同时受益；而在另外一些情况下，一个物种的受益则会伤害另外一个物种。

互利

互利共生就是两个物种都受益。蜜蜂和植物之间的关系就是双方互利的：蜜蜂从植物中获取食物，植物则利用蜜蜂身上所携带的花粉进行授粉。

寄生

许多寄生生物种通过伤害其宿主而获益。某些种类的真菌依靠食用其他生物（植物、动物、甚至人类）而生存。

共栖

这是指一个物种从中受益，但另外一个物种既不受益也不受伤害。鲫鱼吸附在鲨鱼身上，依靠鲨鱼吃剩的食物残渣而生存。

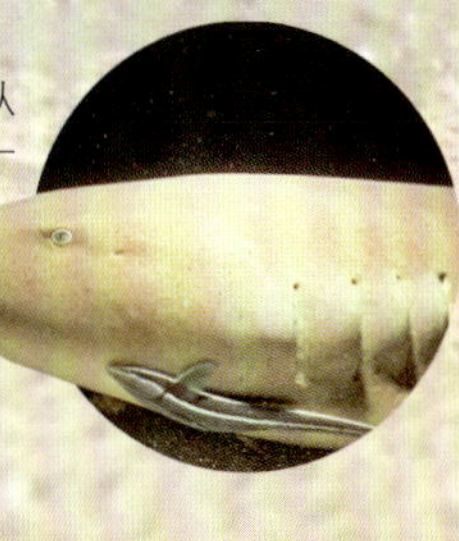

生态系统

生态系统包括构成群落的生物种群，以及它们与所处环境（群落生境）中非生命元素的相互作用。尽管每个生态系统都是复杂的、独特的和变化的，但是所有的生态系统均呈现出两种情况：（1）能源的单向流动，来自于太阳的能源供给生物生存和发展；（2）各种物质的循环流动。这些物质（如养分）产生于环境之中，又通过环境中的生物作用回归环境。

太阳
是地球上能量的主要来源。生命离不开太阳，初级生产者（植物和藻类）利用太阳能以糖的形式储存化学能。

食物网和能量流

在每一个生态系统中都存在确定的食物网，其中有初级生产者、初级消费者、次级消费者和分解者。在这样的食物网中，能量流始于太阳。

能量从一个营养级传到另一个营养级时，每次都会产生重大损耗。每个消费者从猎物中获得的能量只占猎物中的能量贮存量的10%。

初级生产者
陆地上的植物和水中的藻类先吸收太阳能，然后再转化为化学能。它们组成食物网中的第一个营养级。

分解者
这类生物（如真菌、蠕虫、细菌和其他微生物）的特点是能利用其他动物所不能够利用的能源（如纤维素和氮化合物）。这些分解者以碎屑及其他废弃物（如粪便和动物尸体）为生。它们食用这些物质时，在食物网中循环的腐质物成分会以新的无机物的形式重回环境中。

0.1%

这是生物所利用的太阳能量在到达地球表面的全部太阳能量中所占的比例。

初级消费者
它们是食用初级生产者的草食动物。初级消费者依靠取自初级生产者中的部分化学能量来生存，另一部分则储存在它们的体内，还有一部分则还完全没有利用就被排泄了。

地球上所有有机物质的99%蕴含在植物和藻类中，蕴含在动物中的不超过1%。

三级消费者
它们是吃其他食肉动物的食肉动物。某些食物链可以有多达五个营养层级。

二级消费者
它们是吃草食动物的食肉动物。二级消费者利用储存在初级消费者体内的少量化学能生存。

100种或更多

这是在某一生态系统中，可以形成食物网的物种数目。

并非每一个生态系统都将太阳作为能量的主要来源。科学家在探索深海生态系统的初期就发现，那里的初级生产者是细菌，这些细菌把地球内部的热量作为它们的主要能源来源。这些生物生活在极端的条件下，处于黑暗的栖息地，承受着非常强大的水压和超过300℃的高温。

氮循环

氮是生命的一个关键元素，没有它，植物无法生存，动物也就不能存在。空气中氮所占的比例是78%，但植物无法利用气态的氮，只能吸收土壤中存在的某些氮化合物。

1 动物的尸体和粪便中都含有氮，某些细菌和真菌能够将它们转换成氨（NH_3）和铵（NH_4^+）。

2 某些种类的细菌可以将这些化合物转换成亚硝酸盐（NO_2^-），而亚硝酸盐对植物是有毒害的。

3 某些种类的细菌能够将一些亚硝酸盐转变为硝酸盐（NO_3^-），而硝酸盐类可以被植物吸收，用于其生长。

4 植物细胞也可以将硝酸盐类转换成铵。铵可以与碳相结合生成为氨基酸、蛋白质和植物所需要的其他化合物。

5 动物通过吃植物来获得氮，而这些氮最终又会回到土壤中。

6 损失：很大一部分氮会在循环中损失掉。人类的活动、火和水都可能造成氮在生态系统中的损失。有些细菌可以将土壤中的氮转变为氮气，这些氮气会逸出土壤进入大气中。

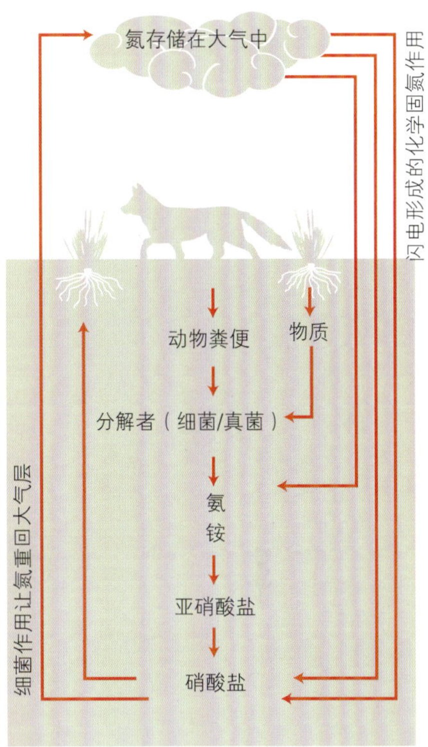

碳循环

碳是所有有机化合物的基本成分。对于生物来说，碳的最重要来源是二氧化碳（CO_2），在空气中，二氧化碳的比例是0.04%。

1 二氧化碳通过植物的光合作用进入生物体，植物利用光合作用生成有机化合物。此外，植物通过呼吸作用排出二氧化碳。

2 草食动物摄取植物制造的有机化合物，对它们再利用。动物也通过呼吸作用排出二氧化碳。

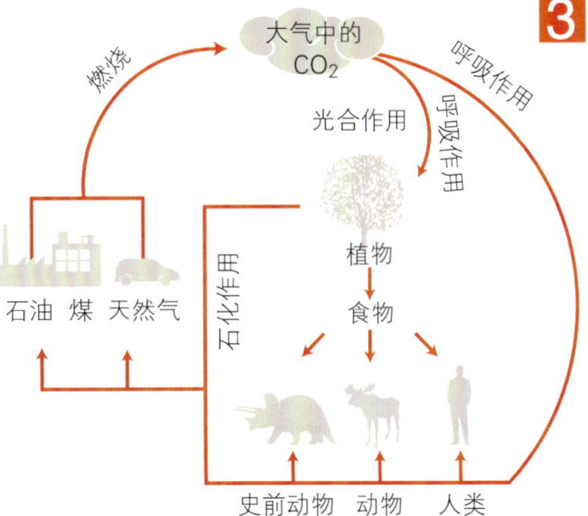

3 当食肉动物吃草食动物时，它们将这种化合物纳入机体，重新利用其中的碳。食肉动物也通过呼吸作用排出二氧化碳。

4 分解者通过呼吸作用将二氧化碳释放到大气中。

5 工厂和汽车燃烧以碳氢化合物形式蕴藏在地下的碳，又以二氧化碳的形式将其释放到大气中。

生物圈

地球上只有一小部分地区有生物生存，包括地球表面、海洋、距地面8 000米以内的大气层，以及植物根系能够到达的地下区域。这个生物圈只构成了地球这颗行星的一个微小部分。研究生物圈有助于揭示各种不同生命形式借以确立的模式，获得影响物种和生态系统分布的各种参数。

地球上存在生物体的部分

从地球的中心到其表面的距离为6 000多千米。而包含各种已知生物的生物圈只有薄薄的一层，其厚度不超过20千米。

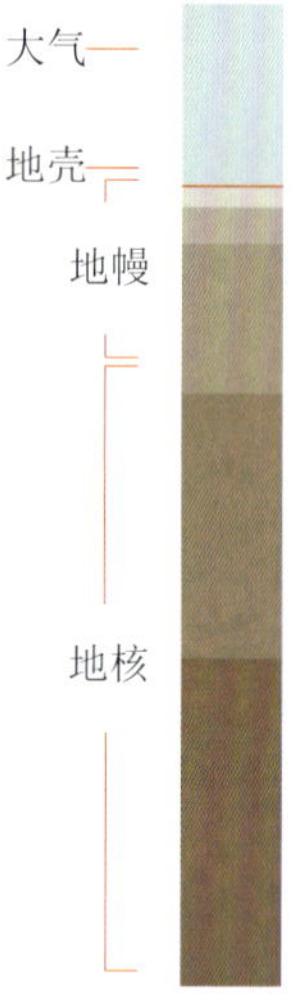

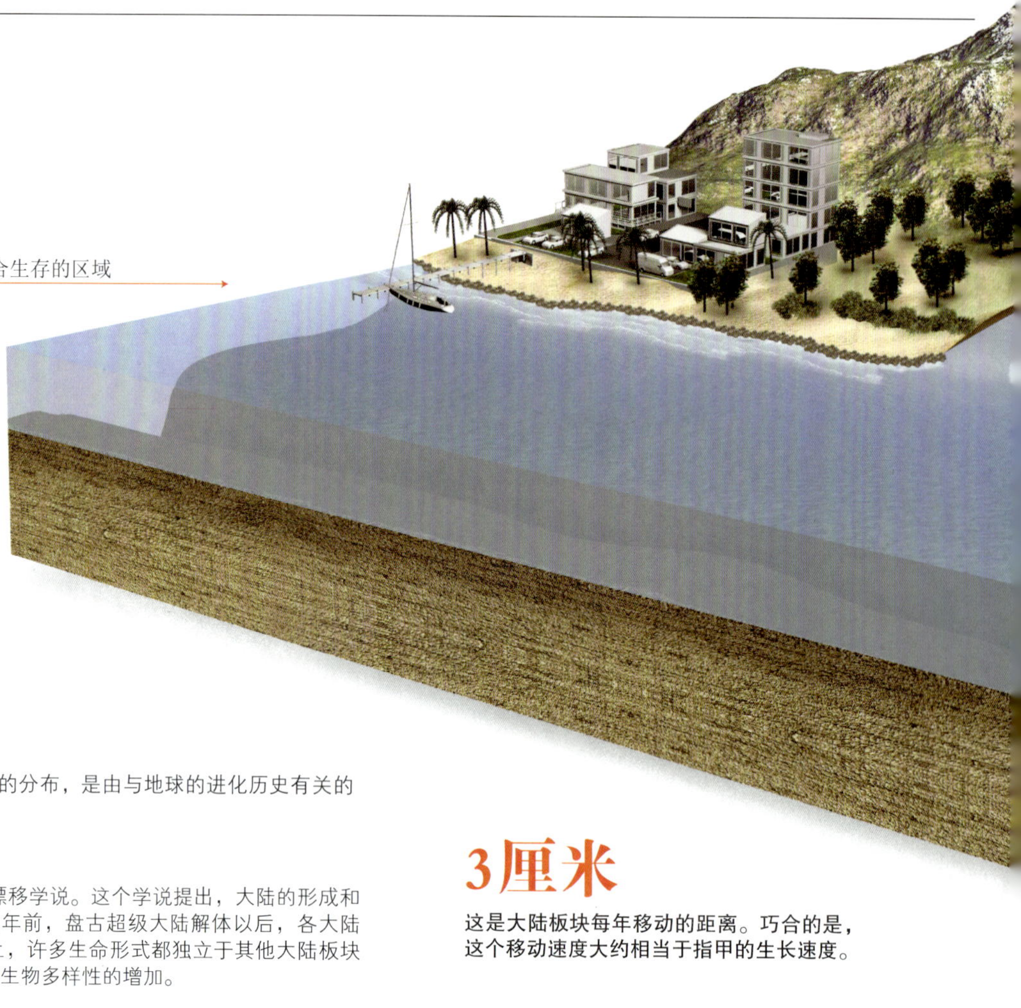

大气
地壳
地幔
地核
适合生存的区域

多样性和分布情况

生物惊人的多样性及其在地球上的分布，是由与地球的进化历史有关的多种因素决定的。

大陆漂移

20世纪60年代，科学家开始接受大陆漂移学说。这个学说提出，大陆的形成和布局都不是永恒不变的。自从大约2亿年前，盘古超级大陆解体以后，各大陆板块一直相互隔离。在每个大陆板块上，许多生命形式都独立于其他大陆板块的生命形式进行演化。这种情况导致了生物多样性的增加。

3厘米

这是大陆板块每年移动的距离。巧合的是，这个移动速度大约相当于指甲的生长速度。

二叠纪

（2.7亿年前）盘古大陆是连在一起的。该时期结束时，出现了历史上最大规模的物种灭绝，毁灭了地球上几乎所有的生命。

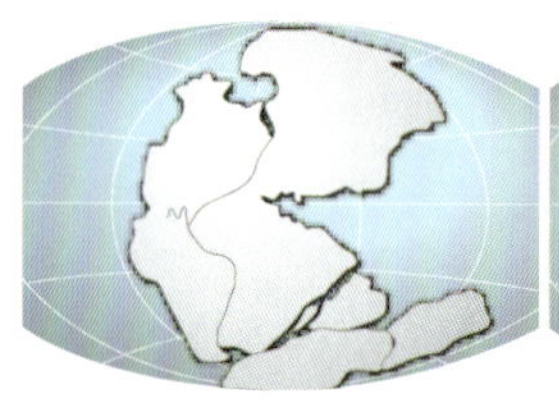

三叠纪

（2.15亿年前）恐龙出现。大约2亿年前，盘古大陆开始分裂成两个超级大陆：劳亚古大陆和冈瓦纳古大陆。

侏罗纪

（1.8亿年前）冈瓦纳大陆开始分裂，出现了一段时期的大地震和火山喷发。恐龙是动物界生命形式的主宰，这也是草食大蜥蜴类时期。

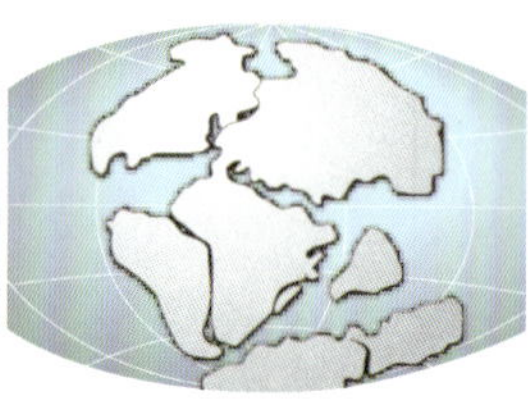

白垩纪

（6 500万年前）冈瓦纳大陆继续分裂，劳亚古大陆也开始破碎。印度板块即将与亚洲相碰撞，接着导致了喜马拉雅山脉的造山运动。显花植物开始出现。该时期结束时，恐龙灭绝。

今天的世界

分裂以后，某些大陆（如北美和南美大陆）又再次连接，这促成了动物群和植物群的相互交流。大陆板块仍在继续漂移。

10 000年

上个冰河期以后的时期，在冰河期间，冰川曾横贯整个欧洲和北美大陆，而海平面则下降。

1 000千米

这是北大西洋湾流的最大宽度（深度可达100米）。

构造过程

大陆在漂移时相互之间会发生碰撞，在这个过程中，会出现重大的地貌变迁。生物种群可能会分裂，分裂的部分可能会独立进化。气候变化也会改变生命形式。

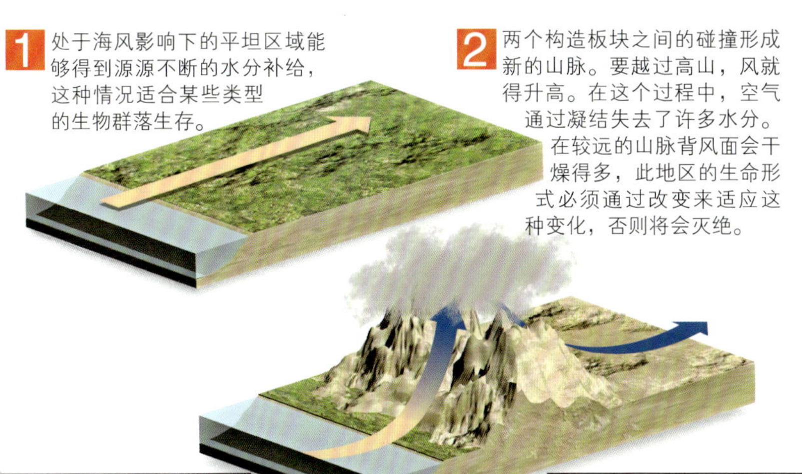

1 处于海风影响下的平坦区域能够得到源源不断的水分补给，这种情况适合某些类型的生物群落生存。

2 两个构造板块之间的碰撞形成新的山脉。要越过高山，风就得升高。在这个过程中，空气通过凝结失去了许多水分。在较远的山脉背风面会干燥得多，此地区的生命形式必须通过改变来适应这种变化，否则将会灭绝。

自然灾害

在地球的历史进程中，强烈的火山喷发、小行星与地球表面的碰撞、大地震和海啸等对生命产生了重大的影响。有时这些事件会导致大规模的物种灭绝。

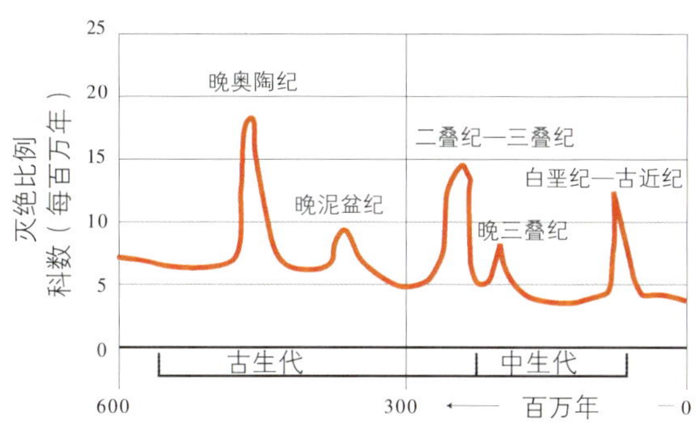

古生物学家发现在地球的进化过程中，曾出现过五次大规模的物种灭绝。白垩纪末（6 500万年前）的恐龙灭绝是最重要的一次。这也是被研究得最多的一次大规模物种灭绝。

洋流

海洋中水的流动会影响地球气候，因而也是影响物种分布的一个重要因素。

寒流　暖流

如果没有北大西洋湾流所提供的温暖的影响，人类很可能无法在北欧国家的许多地区居住。

气候变化

地球的气候不断变化着，温暖湿润期和寒冷期交替出现。

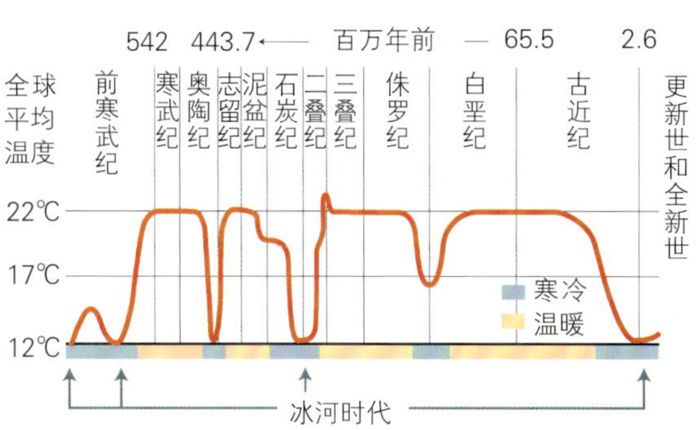

生物多样性

人们一想到热带雨林和珊瑚礁就会感到奇妙无比。同时，生活在这些环境中的生物种类的丰富程度也超乎想象。有充分的迹象表明，在一个生态系统中，物种越多，该生态系统适应可能会危及它的环境变化的能力就越强。此外，研究也表明，如果生态系统生物的多样性程度很差，就更容易受到外部因素（如气候变迁与外来物种）的侵害。这类情况是对人类的一种提醒：人类活动已经干扰并且削弱了地球上的生物多样性。

物种种类分布地图

目前仍然不能确定地球上究竟生活着多少生物物种。我们知道，生物多样性最丰富的地区是在热带及其附近地区。越接近两极，生物多样性就越呈现下降趋势。

这张地图是由德国波恩大学制作的，它展示的是维管植物（植物界的大多数成员）的生物多样性索引，但是有些植物（如藻类、苔藓、苔纲等）未包括在内。

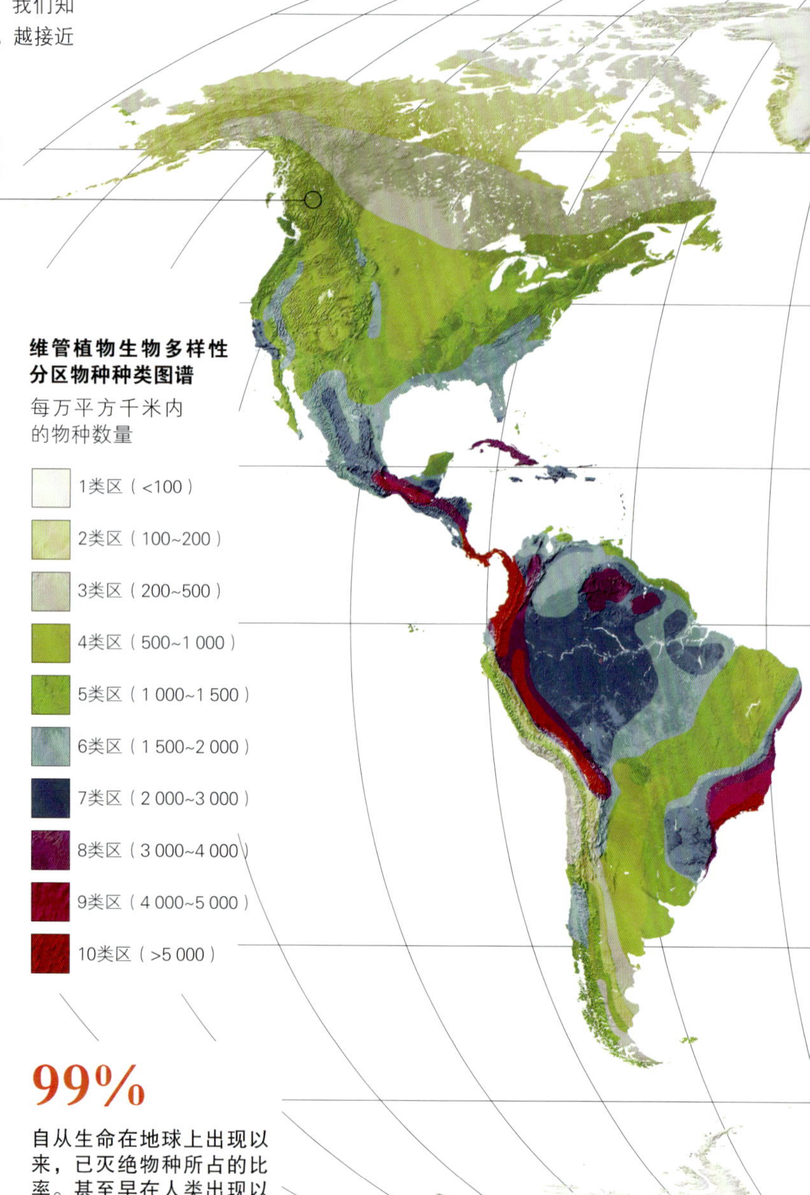

99%

自从生命在地球上出现以来，已灭绝物种所占的比率。甚至早在人类出现以前，物种灭绝现象就曾多次出现。

物种、基因和生态系统

生物多样性的概念通常用来指物种的丰富程度，但它在生态学的其他领域还有其他的含义。

遗传多样性

与规模较大、种类更多的种群相比，规模较小的、孤立的种群其遗传特性往往很差，因为只有很少的个体进行异种交配繁殖。如果种群缺乏基因的变异，则更容易受到外部世界变化带来的影响。

纯种狗是由较低遗传变异的种群成员之间繁殖的，因此往往比杂种狗“娇弱”。

物种的多样性

人们已经描述的物种大约有150万，但地球上生物物种的总量仍然是不确定的，可能多达1 000万或1亿种。此外，与生物多样性程度低的生态系统相比，生物多样性程度高的生态系统更不容易受到环境变化的影响。从长远来看，多样性的生态系统具有更强的恢复能力。

生态系统的多样性

生物圈是由大量的生态系统组成的。这种多样性能够保持生物圈的稳定和平衡，使它更能适应外界的重大变化。生态系统的破坏会削弱生物圈，使它更加脆弱。

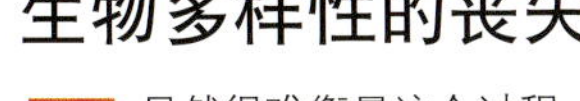

平衡态

虽然这仍然是争论激烈的话题，但是越来越多的生态学家认为，与仅有少量不同物种的生态系统相比，生物多样性程度越高，生态系统就越稳定平衡。

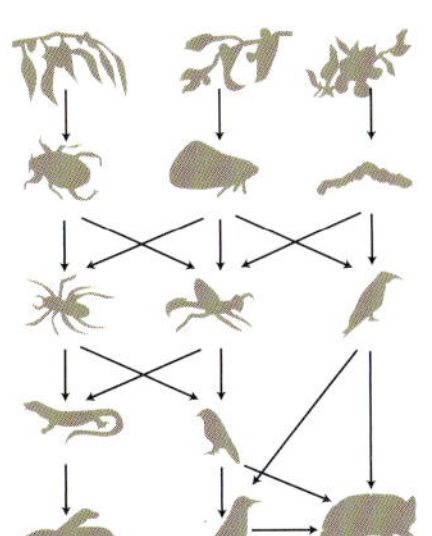

左图显示了一个具有复杂食物网、生物多样性相当丰富的生态系统。

右图与左图的生态系统的情况相似，但是它受到更多的限制，因为它的食物网比较简单。由于只能依靠较少的资源来维持生存，在这个生态系统中的物种更加脆弱。某些情况下，物种只能依赖某种单一的资源。

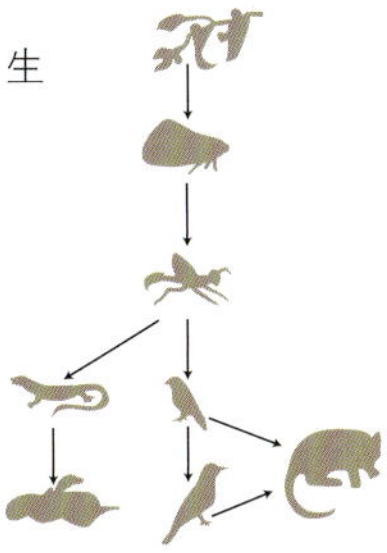

生物多样性的丧失

虽然很难衡量这个过程，但是人类活动是造成今天生物多样性程度降低的主要因素之一。

图表显示的是在具体的环境中，人类活动结果的不同因素如何影响着生物多样性。图表也显示了这些影响的目前趋势。

环境		栖息地的变化	气候变化	过度开发	污染
森林	北方	↗（低）	↑（低）	→（低）	↑（中）
	温带	↘（高）	↑（低）	→（中）	↑（中）
	热带	↑（很高）	↑（低）	↗（高）	↑（低）
沿海		↗（很高）	↑（中）	↗（高）	↑（很高）
河流、湖泊和池塘		↑（很高）	↑（低）	→（中）	↑（很高）

20世纪期间的影响
- 低
- 中
- 高
- 很高

当前趋势
- ↘ 减少
- → 正在发生的
- ↗ 增加
- ↑ 急剧增加

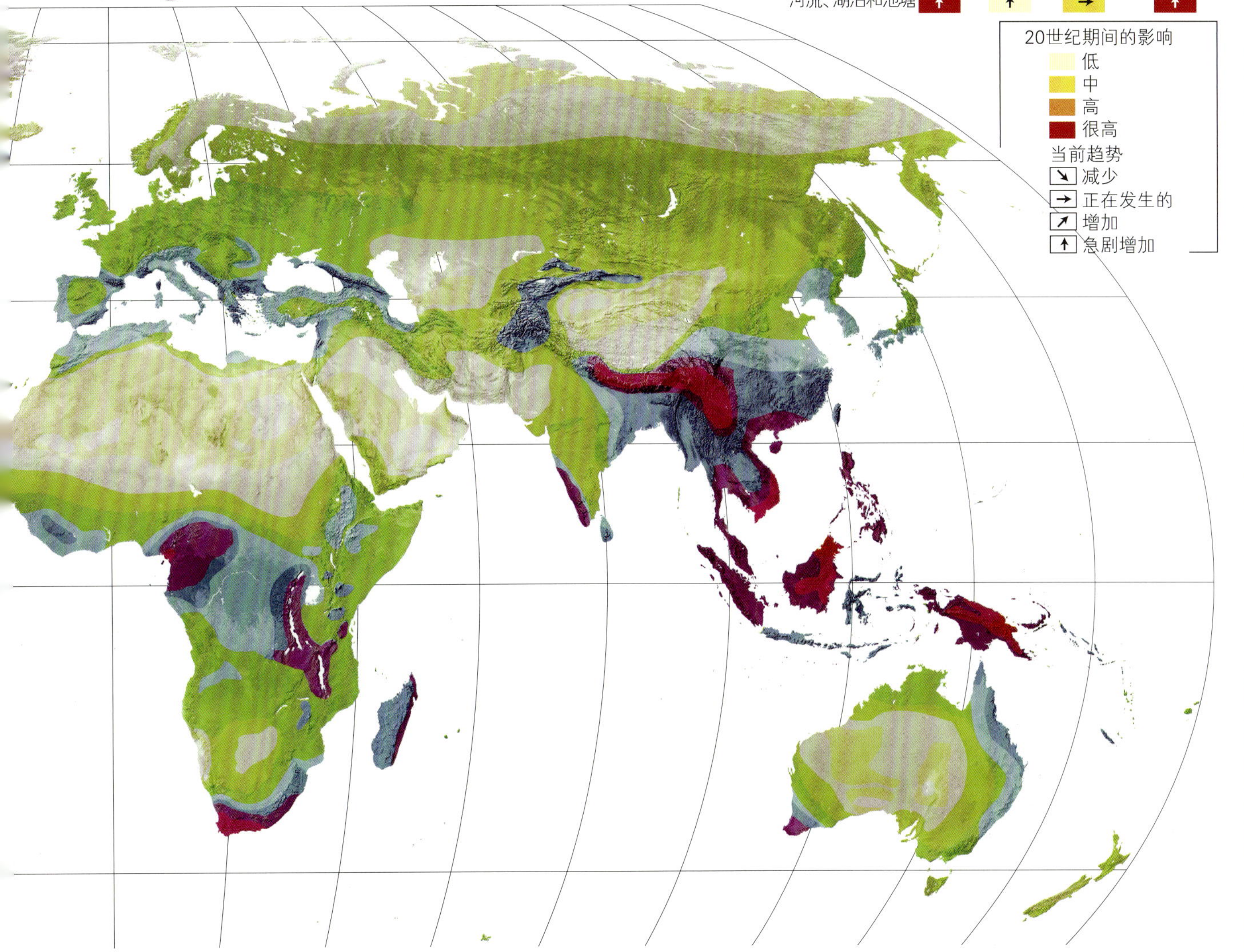

关键物种

某些处在营养链顶端的物种被认为是“关键物种”，因为这些物种的灭绝将影响到生态系统的生物多样性。有一项实验表明，在某一生活着15个物种的海域，去除了赭黄豌豆海星后，该区域的物种数下降为8种。此一生物多样性的下降是因为贻贝得以确立了它的主导地位，而以前这些贻贝的数量一直受赭黄豌豆海星控制着。海星吃贻贝的猎物，留给贻贝的资源是有限的。而当海星消失后，贻贝种群就可以随意利用这些资源。贻贝种群发展了，迫使其他物种退出竞争。

赭黄豌豆海星（*Pisaster*）正在吃贻贝。

世界主要生物群落区

根据植被的覆盖特点，可以对地球的陆地区域进行划分。这些植被区域在不同的大陆上都会重复出现，在很大程度上，它们的存在取决于相似的气候、土壤和地理环境。这些区域被称为“生物群落区”。一个横跨地球上两个区域的特定生物群落区，可能会出现相似的动物和微

绿色天堂

马来西亚的丹浓谷就像一叶巨大的绿肺，将氧气释放到空气中，营造出令人感到舒适的清新环境。

生物物种。虽然它们在遗传学方面毫无关系，这些相类似的生命体却演化出了可相比拟的结构形式，这是生命体在适应环境的过程中采用了相似策略的结果。生态学通过研究生物群落区、研究能量和物质在物种成员之间流动的方式来了解生命活动。●

世界上的栖息地

地球上生存的大量生物多样性地分布在特定区域的栖息地，由于不同的气候条件和地质条件而形成的特殊类型的土壤，确定了在该地区生存的植物群和动物群。生物群落区是一个大的栖息地，这种区域是由特定生物种群及其周围环境而定的。在陆地或水域都会出现生物群落区。●

气候因素

毫无疑问，气候是影响栖息地分布的最重要因素。气候因素（包括风、气温和降水等）决定着土壤的属性，因此也影响着植物的生长，而植物又是形成所有生物群落区的基础。由于山脉拦截了带有水分的风，导致了山脉的一边多雨潮湿，长出了茂盛的森林，而另一边则形成了干燥的气候。热带气温是珊瑚礁生长发育的决定性因素。冬季气温明显偏低就可能导致高大植物群完全从某个栖息地消失，这就是发生在北极冻原地区的情况。气候的影响有时是有益的，有时是有害的，迫使生物形成多种不同的、复杂的适应性。有些动物慢慢形成了特殊的生理结构，而另一些则季节性地迁徙到条件较好的地区。

栖息地分布

生物群落的分布并非是随意的，主要决定因素是气温和水源。温度随纬度的增加而降低，而水在寒冷的环境中则从液体变成固体。植物和动物的生存受这些因素的严重影响，产生非常不同的栖息地，从郁郁葱葱的热带雨林，到苔原栖息地和荒凉的极地。

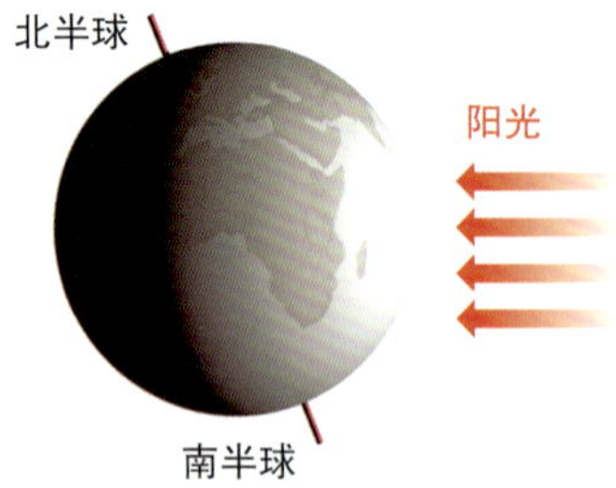

季节变化

地轴存在23.5度的倾角，再加上地球围绕太阳公转，造成了太阳光照在南半球和北半球的季节性变化。

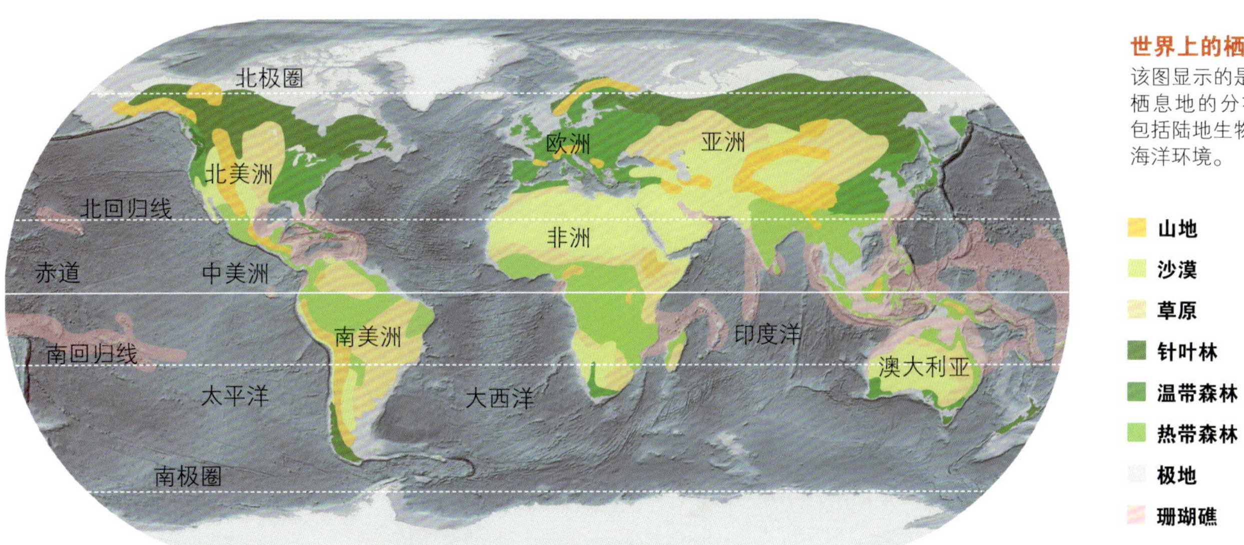

世界上的栖息地
该图显示的是世界主要栖息地的分布和范围，包括陆地生物群落区和海洋环境。

- 山地
- 沙漠
- 草原
- 针叶林
- 温带森林
- 热带森林
- 极地
- 珊瑚礁

生物多样性

每种环境都有自己的特点，这些特点会影响到生活在其中的物种。一个地区的气候、地质条件和存在的其他物种确立了一整套条件，迫使物种做出适应性选择。这种适应性将决定某一物种是否能在该栖息地生存下去。覆盖皮肤的体刺、保温的体毛、色彩斑斓的标记是动物在自然选择的过程中获得的一些特征。这些特征有助于物种保护自己免受天敌和不利气候条件的侵害，或有利于寻找交配对象。比较典型的例子，如虫绿藻（藻类）生活在某些珊瑚或其他动物的体内与其互惠互利；红嘴牛椋鸟以吃水牛和其他大型哺乳动物皮肤上的螨虫为生。

沙漠
澳洲魔蜥（*Moloch horridus*），澳大利亚的一种蜥蜴，长着带有尖利棘刺的“铠甲”，这套“铠甲”甚至裹着蜥蜴的头。这种棘刺的保护对这一物种至关重要，因为澳洲刺蜥会在一个地方静止呆立很久，以捕食蚂蚁。

极地区域
北极熊（*Ursus maritimus*）身上覆盖着厚厚的白色皮毛，保护它免受北极极地酷寒的影响。尽管有这种适应性，但是在冬季北极熊仍然不出来活动，它在洞穴中冬眠，依靠体内存储的大量脂肪过冬。

珊瑚礁
生活在太平洋热带海域，长着斑点的小丑鱼（双锯鱼属物种）与海葵共处，海葵允许它在自己的触须间进食和休息，这样小丑鱼就受到了保护。作为对海葵的回报，它帮助海葵保持清洁。从这一关系中，两种物种均能受益，它们之间是一种互利共生关系。

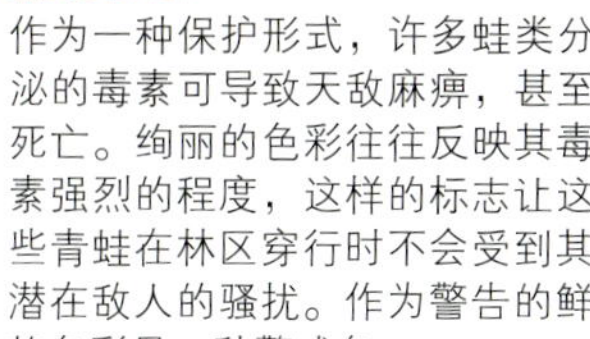

热带森林
作为一种保护形式，许多蛙类分泌的毒素可导致天敌麻痹，甚至死亡。绚丽的色彩往往反映其毒素强烈的程度，这样的标志让这些青蛙在林区穿行时不会受到其潜在敌人的骚扰。作为警告的鲜艳色彩是一种警戒色。

物种计数

在赤道附近，太阳常年直射地面，导致持续高温，再加上雨水充沛，就形成了生命所需要的最佳气候条件。热带雨林是物种集中度最高的地区，随着与热带地区的远离，物种的数量会逐步减少。在极地冰原区域，动物种群的数量规模弥补了生物多样性的缺乏。

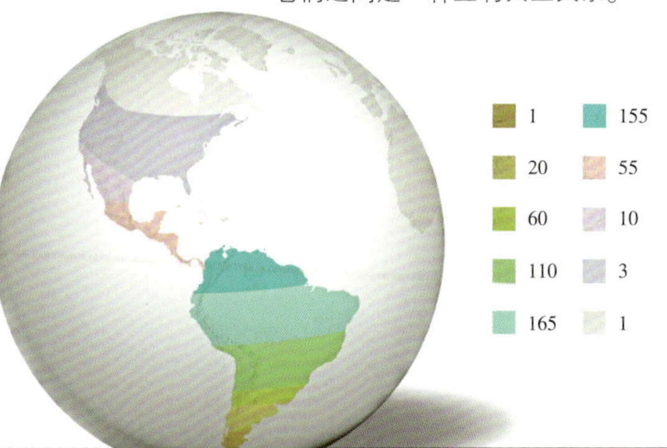

热带蜂鸟
蜂鸟是西半球的一组鸟类，热带雨林中的高温和潮湿滋养着丰富多样的各类蜂鸟，仅在厄瓜多尔就有约150种。

陆地生物群落区

作用于地球表面的不同温度和湿度决定了土壤的特性，这是栖息地能否维持生命的基础，同时对动物和植物物种的种类也有直接影响，因此，也影响到决定它们能否生存的适应能力。陆地上的生物群落区主要分为森林（温带、针叶林和热带）、草原、高山、沙漠和极地地区等几组。

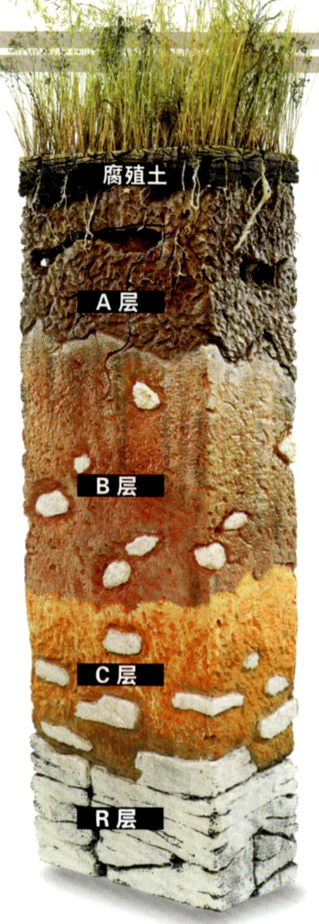

地层
土壤是确立每一生物群落区的关键因素，土壤层的成分和比例直接影响到植物的生长。而生物群落区的植物类型又决定了生活在其中的动物群。有些土壤具备了所有的标准层，而有些土壤则只有其中的几层。例如，草原土壤层的顶层腐殖土在沙漠地带就没有。在沙漠地区，土壤表层通常会有钙盐。

土壤

土壤是地球上生命的基础。植物的生长主要依靠从土壤中吸取矿物质养分和水。岩石与大气、水和生物之间的相互作用形成了土壤。基岩中矿物质的变化作用生成了一层覆盖其上的物质，各种生物群落区的植物在这层物质中生长。某一特定栖息地存在的各种气候和生物条件，形成了其独特的土壤类型。根据不同层的组成，土壤本身种类很多，成为一种独特的有机质和矿物质混合物。

动物种类分布

自然界的天然屏障、在动物生存范围内修筑的围栏和其他人为障碍都会影响野生动物种群的分布。种群是指同一物种的一群动物共同生活在某一特定的地区，并且互相影响。种群的典型特征包括其规模、出生率、死亡率、年龄分布以及空间分布等。如果它们的生态位互相不重叠，两个以上的物种就可以分享同一个栖息地而无需竞争。热带稀树大草原上草食动物的情况就是一个例子。

合作
非洲稀树大草原的草食动物之间没有竞争。它们相互补充，从植物中受益，这里的植物特别适应动物的大量啃食与火灾。

长颈鹿
利用其独特的骨骼优势，可以够到高大的相思树的叶子和新芽。

长颈羚
吃的是离地面3米高处的叶子。

斑马
寻找的是草地上高高的、幼嫩的新枝。

牛羚（角马）
食用草叶和种子荚。

迪克羚羊
吃低于1.5米的灌木丛上的叶子。

瞪羚和转角牛羚
吃其他动物留下的短小、干萎的茎秆。

森林层

森林的生物群落区按照垂直高度可以分成若干级别或层次。温带森林的主要层级包括草本植物、灌木和乔木层。而在热带森林则是林地、下层林木和树荫冠盖层。热带雨林也有称为参天林木层的上层，高可达75米。每个层级都有自身特有的动植物物种。森林发展的主要动因之一是争夺阳光。这种竞争主要体现在热带森林的树荫冠盖层可见的藤本植物和附生植物上。在地面层，阳光很少，植被主要是由死去的树叶和掉下的树枝组成，这层腐烂材料中的生物量与每年该森林的植物所产生的生物量相当。其他生物（例如真菌和寄生植物）常常生长在这种环境中。

落叶林
温带森林的树木在冬季会出现落叶，而在春季又长出新叶。

气候
取决于海拔高度的不同，年平均气温在24~31℃，相对湿度范围介于60%~80%。

土壤
一层厚厚的、丰富的、不断腐烂分解的物质，是无脊椎动物和其他生物居住的处所。

植被
有数百种树木，是名副其实的生命动力工厂。

极端条件地区

极端寒冷和降水稀少等气候因素会形成其生存条件导致植被稀疏的栖息地。缺乏高质量的植被也就难以保证动物的生存。在极地地区，低温使动物品种减少，但不会减少动物数量。另一方面，在沙漠缺水地区就需要特别的适应机制（如仙人掌的储水能力）。通常，这些特种植物会长刺，以帮助提高保水效率。

北极和冻原地带

有些地方气候太寒冷，冬天又漫长，北半球的针叶林带即逐渐过渡到冻土地带——环绕着整个北极地区的、树木不生的广袤冻原。

气候 强风的速度每小时可达48~96千米，而年平均气温为-14℃。

土壤 除了动物留下粪便的地方以外，这里的土壤普遍缺乏养分和矿物质。

植被 物种稀少，包括杂草、藓类、地衣和稀疏的灌木。

侵蚀

风、雨和各种化学过程往往会侵蚀荒漠高原，由此创造了各种不同的地貌，包括深谷、独立的山丘、各种拱和沟壑。

沙漠 水的蒸发量大于降雨量的地区，就会形成沙漠。

气候 年降水量低，少于150毫米，昼夜温差大，可高达约30℃。

土壤 土壤发育差，表土有机物质少。

植被

主要植物包括仙人掌，它们拥有较强的储水系统和发达的、可以从间歇性降雨吸收水分的深长根系。

永久冻土

冻土带上的地下层可以持续冻结两年以上而不融化。在最寒冷的地区，永久冻土的范围连绵不断。但情况各有不同，有些冻土可以是不连续，乃至有些零星区域其平均气温恰好处于0℃以下。表层的有机物质在解冻时会释放出温室气体。

森林

一旦光线充足，湿度适中，高密度和高增长率的树木就会形成各种不同类型的森林，其中复杂的生物群落与此地占主导地位的温度相适应。根据不同的地区，森林可分为温带、寒带或热带森林。温带森林主要分布在北半球，而热带森林则是位于赤道附近。寒带针叶林位于冻土带以南，是地球上最年轻的生物群落区。温带森林的树木可以是常绿树或落叶树。

热带森林

热带森林位于赤道附近，生长稳定，物种种类繁多。

气候 全年温暖湿润。

土壤

落在地面的叶子形成一层不断腐烂的植物性有机物质，由于各种自然条件，它会迅速矿化。主要的土壤类型称为氧化土，特征色彩是红色，这是内含铁和铝的氧化物所致。

植被

拥有的树木种类最多，通常树干细长。森林树冠可以达到75米高。树荫冠盖层的叶子遮盖着下面森林中的动物群。在浓荫匝地的森林地面上，只有少数棕榈植物能够生长。

寒带针叶林

针叶树通过其锥果繁殖，能承受冬天的大雪，形成厚厚的防风林。

气候 冬季，温度通常为-25℃，有时低达-45℃。

土壤 土壤呈酸性，这是由于覆盖了一层厚厚的已经凋落的针叶所致。

植被 植被有限，因为土壤呈酸性，而且缺乏能穿透至地面的阳光。

草 原

在温带和热带，可以见到丛草覆盖的大片广阔地带。它们的存在为野牛和啮齿类等草食动物创造了理想的栖息地，从地上长出的草茎非常适合动物啃食。然而，奔跑快捷的肉食动物的存在、缺乏藏身之处以及干旱和火灾的风险，使草原成了一个充满挑战的生存环境。

温带草原

在农业出现之前，北半球的草原被无边无际的草地覆盖着。由于缺乏海洋适度影响的调节，这些地区经历着炎热的夏季和漫长寒冷的冬季。奇怪的是，与其他生物群落地区枝叶繁茂的植物相比，草原植物的根系都很发达。

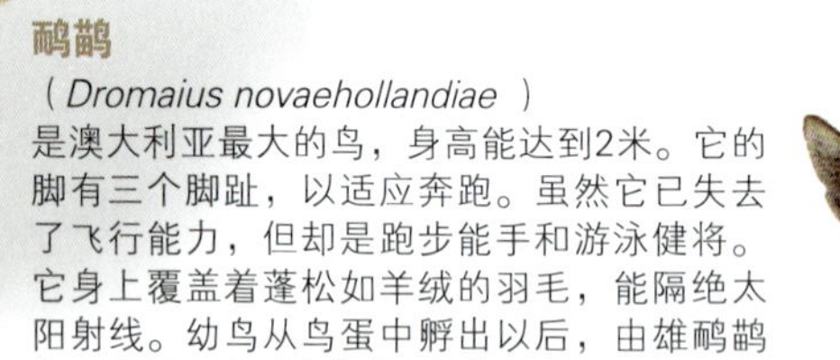

鸸鹋

（*Dromaius novaehollandiae*）

是澳大利亚最大的鸟，身高能达到2米。它的脚有三个脚趾，以适应奔跑。虽然它已失去了飞行能力，但却是跑步能手和游泳健将。它身上覆盖着蓬松如羊绒的羽毛，能隔绝太阳射线。幼鸟从鸟蛋中孵出以后，由雄鸸鹋负责照料，直到它们长到8个月大。

黑尾草原犬鼠

（*Cynomys ludovicianus*）

这种啮齿动物将它的家安置在草原上，会发出类似狗的嚎叫。这是一种群居性的动物，以擅挖相互连接的洞穴而闻名。

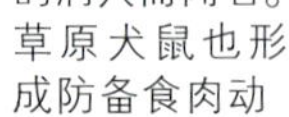

草原犬鼠也形成防备食肉动物的亚群。

200千米

这是在干旱的季节找水源时，袋鼠有时会行走的距离。

红袋鼠

（*Macropus rufus*）

这是最大的有袋类动物。它们会利用自身高度发达的嗅觉来找水。此外，它有一条很重的尾巴，就像保持平衡的钟摆。利用它储存能量的肌腱，红袋鼠在奔跑的时候能够跳跃着前进。红袋鼠在玩耍或互相争斗时，可以利用后腿站立，踢或类似拳击般地击打对手。

小袋鼠在一个相对早期的发育阶段就出生了，之后通过一个隐藏在母亲保护袋中的乳头来获取营养。大约要经过200天，袋鼠宝宝才会永远离开“育儿袋”。

奔跑速度的赢家

由于有快速奔跑的捕食者,对于被捕食的动物来说，奔跑是逃逸的最好办法。许多哺乳动物可以跑得很快，某些不会飞翔的鸟类（鸵鸟、鸸鹋、美洲鸵鸟）奔跑速度却也很快，可达70千米/小时，且能以这种速度连续奔跑30分钟！这些鸟还可以利用自身的高度和大眼睛，在很远的地方就能发现潜在的敌人。相反，奔跑慢的动物通常就只好在洞穴中寻求庇护。

热带稀树草原

在南半球的热带气候条件下，草原以少数零星树木（如非洲的金合欢树，一种重要的食物来源）为其地貌特征。啃食枝叶的大象会帮助相思树传播种子。被吃下的种子会随着大象的粪便排出。然而有些动物却会阻碍相思树的生长，它们在相思树长成之前会啃食它的嫩枝。热带草原上的许多树都有雨伞般的树冠，这是被长颈鹿“修剪”的结果。与温带草原完全不同，热带草原一年四季都很炎热，在雨季之后是漫长的干旱季节，在此期间，许多动物需要长途跋涉去寻找食物和水。

畜群中的生活

草原地貌几乎不能提供隐藏的地方，因此许多动物会选择成群生活，以减少因食肉动物攻击而受伤的几率。一些动物在成群进食时，另一些会保持高度警觉。19世纪，聚集在非洲南部草原上的成群羚羊数量超过1 000万只，这个数字相当于曾在北美大草原游荡的某些野牛群的规模。因为单个动物脱离畜群的危险性很大，所以许多物种蹄脚中的腺体能产生具有特殊气味的物质，这种物质会引导迷途的成员回归群体。

非洲象（*Loxodonta africana*）
雄性大象是陆地上最大的动物，它们大约能活60年。它们的鼻子有两个延伸段，可以用来抓取物体。弯曲的象牙的功能之一是挖掘土壤，从中提取盐分，以满足其摄食需要。

纤维素

草含有大量的纤维素，这是一种很难消化的碳水化合物。某些动物（如长颈鹿）在它们胃里的细菌所产生的酶的帮助下，可以把它分解。

长颈鹿（*Giraffa camelopardalis*）
长颈鹿的独特生理结构使它们可以吃到离地面约6米高的树叶。虽然长颈鹿的脖子很长，但仍像其他哺乳动物一样，只有七块颈椎。它长长的舌头可以伸出45厘米，够到相思树的树枝，再用它的耙状齿把树枝上的树叶耙入口中。具有斑纹的皮肤类型有着地域性差异，而这些皮肤斑纹类型有助于区分长颈鹿的九个不同亚种，包括网状纹长颈鹿。雄性长颈鹿为了确立它们的统治等级而用其长颈互相争斗。长颈鹿的头骨靠一根额外的骨头来强化。

布车氏斑马（*Equus burchelli*）
这种动物有敏锐的听力和广阔的视野。它的条纹为自己提供了伪装，但也有人认为这些斑纹同时还可以调节温度或起着社交的功能，如帮助个体斑马相互识别。为了帮助确定雌性斑马准备交配时释放出的气味，雄性斑马会扬起上唇以提高其嗅觉的敏感性。

狮子（*Panthera leola*）
就像所有的猫科动物一样，狮子有敏锐的感觉器官。它的大眼睛位于面部之前，可以准确地估计出距离。它的瞳孔有很强的夜视功能，能适应夜间捕猎。它的漏斗状耳朵便于察觉猎物发出的声音。还有一个被称为“雅各布森氏器官”的组织，位于颚的上方，可以协助识别异性的气味。雄性狮子的鲜明特征是有厚重的“鬃毛”，使雄性狮子看起来更高大。

非洲稀树大草原

世界上最大的稀树大草原位于非洲。与北美的大草原相比，非洲稀树大草原混生着一些灌木和乔木（如相思树和猴面包树），草食动物（如长颈鹿、犀牛、羚羊和大象）以它们为食，并通过食用不同高度的叶子避免竞争。雨季和旱季的交替会带来令人惊异的动物大迁徙，在它们的经过之处会扬起大片的尘土。●

林木啃食等级

虽然很多动物是依靠食用生长在热带大草原中的大量草本植物为生的，但是另外有些动物却从那些零星点缀着草原的树木中吸取营养。不同物种的动物从不同高度的树枝上取食。犀牛、迪克小羚羊吃的是最矮处树枝上的树叶，而大象、长颈鹿由于身材高大，可以吃到高处树枝上的树叶。长颈鹿甚至可以够到离地面约5米高的树枝上的树叶。

食草动物和食肉动物

在热带稀树大草原，由于草本等植物非常丰富，使得以草为生的各种动物大量出现。斑马和水牛吃的是最高位置的嫩枝，而角马和瞪羚则吃矮处的叶子。反刍动物（如羚羊、水牛、长颈鹿）消化道中的微生物能够分解草里的纤维素。对于食肉动物（如狮子、豹和鬣狗）来说，热带大草原的食草动物是它们的食物。一种值得注意的食肉动物是猎豹，以擅长快速冲刺而闻名。其他还有食腐动物（如各种老鹰和秃鹫），它们常在空中盘旋，寻找野生动物的尸体。

白蚁（等翅目）
白蚁是社会性昆虫，生活在巨大的群落里。白蚁将死亡植物运回巢里，在那里培养出真菌供自己食用。它们可以借助生活于其肠道中的微生物来消化木材。

白蚁冢

这些令人难以置信的土丘，是白蚁花了10~50年建成的，目的是为了免遭天敌危害和避开炎热的气候。此白蚁居所始于一个大约30厘米深的巢穴，蚁王和蚁后在那里交配。从蚁蛋里孵化出的白蚁承担着建设蚁冢的任务。巢穴的墙面是由小块木头碎片和它们的排泄物混合而成的，形成了不规则的拱形小间。还有一个高度复杂的、由通风道和隧道组成的系统，提供通风和冷却功能。

金合欢树

非洲金合欢树是阿拉伯树胶和塞内加尔树胶的原料，可以用来加工皮革。金合欢树木质坚硬，质量大，密度高，可广泛用于商业用途。

零星的树木

与温带草原完全空旷的草地不同，热带稀树草原上还有零星的灌木和其他树木。它们的生长情况会受到该地区降水和土壤类型的限制，因为坚硬的土壤层会阻碍根部的生长。树木的生长也受到地下水位深度的影响，是否接近地表水也很重要。

速度

猎豹在短短的5秒钟内就可以将速度提高到约100千米/小时。

非法狩猎

现存的犀牛只有大约7 000头，猎人追杀犀牛是为了猎取它的牛角，据说它有很高的药用价值。

畜群

热带大草原上的大多数草食动物都生活在畜群中，以保护自己免遭食肉动物（如狮子、猎豹和野狗）的攻击。成群的斑马的数量可以多达20万头，而成群的角马则可达到150万头的规模。在五月份，随着旱季的到来，角马群为了寻找食物和水，会从非洲南部草原迁徙到非洲的东部和北部。当雨季到来以后，草开始再度生长，它们又返回原地。它们一年内的行程可以达到2 500千米。

共存

草的茎秆和其他植物一样，是从地面上长出来的。某些种类的植物在地下就已经长成了，因此，大多数植物被动物吃了以后并不会被彻底毁灭。

蜣螂

（金龟子科）

俗称屎壳郎。这种甲虫可以利用热带大草原上大型哺乳动物的粪便。它把这些粪便堆成小圆球，并且在里面产卵，之后再把它们掩埋在地里，供在其中出生的幼虫食用。

沙 漠

生活在沙漠中的生物必须适应各种非常不利的条件。因为降水量小，沙漠非常干燥，而且还要承受白天的高温、大风和昼夜温差大等不利条件。沙漠动物的生活要受严格的“节水制度”的控制，它们尽最大可能地收集水，并尽量减少水的消耗。大多数沙漠生物通过食用排泄物进行食物循环，以回收水。有的生物甚至可以将多余的水储存在自己体内，以备日后使用。

沙漠

沙漠通常位于热带地区，有着持续的高气压。白天地表温度可高达70℃，真正的沙漠年降水量小于150毫米，极少存在的植被主要是由仙人掌和其他多肉植物组成。这些植物进行的是适应沙漠条件的独特的光合作用，它们只在夜间打开气孔吸收二氧化碳。在这种环境下，植物的缺乏严重限制了动物生命形式的存在。世界上主要的沙漠有非洲的撒哈拉和卡拉哈里沙漠，亚洲的阿拉伯沙漠和戈壁滩，以及北美西部沙漠和澳大利亚沙漠。

阿拉伯单峰驼或单峰骆驼

（*Camelus dromedarius*）

在这种骆驼的诸多适应性中，突出的一点是它的驼峰。驼峰可以储存水，还可以提高体内的温度，以便在沙漠酷暑中减少排汗，保存水分。

摩洛神或带刺的恶魔

澳洲魔蜥

由于它的伪装，这种蜥蜴很难被发现，它能够通过皮肤吸收水分，在皮肤毛细管的作用下将水输送到嘴中。覆盖它全身的多刺尖针护甲能保护它免受攻击，这在需要较长时间停留在某一个地方进食时，特别有用。

在沙漠中活动

沙漠中的细沙会让动物行动艰难。体重大的动物会往下陷，而小动物又必须挣扎着爬上、走下陡峭而滑动的沙丘。骆驼和壁虎的脚很大，可以将它们的体重分散在细沙上以保持身体的稳定。角蝰在沙漠上爬行时会推动地面上的沙子以使自身前进，所以在它身后会留下曲曲弯弯的“水纹”形痕迹。

西部菱背响尾蛇

（*Crotalus atrox*）

西部菱背响尾蛇是美国最危险的蛇。它的毒牙内含有烈性毒液并可用于进行攻击，如果中毒，在几分钟内就可以致命。它会摇动它的尾巴末梢处的鳞片，发出声音警告。

半沙漠

与真正的沙漠相比，半沙漠的年降雨量会大一点，可以达到400毫米，因此更适宜生存。有着发达根系网的植物形成了重要的地表覆盖。此外，还有一些树木具有尖利的保护体刺，可以像漏斗一样，将水分输送到根部。与此相反，仙人掌将水直接引入到茎和叶。还有毛毛虫，会产生一种有毒的分泌物，因此只有很少数的动物会把它们当食物吃。许多半沙漠地区终年炎热，而另一些则冬天非常寒冷。在洛基山脉的半沙漠地区，由于寒冷，某些物种整个冬季都在冬眠。

黑尾长耳大野兔

（*Lepus californicus*）

这种动物的耳朵大而薄，可以侦听到最细微的声音。它的耳朵上有几条毛细血管，将血液输送到皮肤表面，这种安排有利于野兔释放热量以维持体温。黑尾长耳大野兔跳跃得很快，时速可达到56千米。它们独自生活，只在交配季节才会与其他成员交往，进行追逐、打斗和求偶礼仪的跳跃。它们摄取食物时大多数都会反刍两次，以获得最大程度的营养。由于偷猎行为，它们的数量正在减少，特别是在美国和墨西哥的某些地区。

刺猬仙人掌

（*Echinocereus triglochidiatus*）

这种仙人掌因为外形酷似刺猬而得名，因为它有杯形的花朵，可以持续开放3~5天，也被称为“红葡萄酒杯”仙人掌。它的红色果实可以食用。如同其他仙人掌一样，它有厚厚的一层皮，上面有刺，这种刺可以让动物避而远之，并且为植物表面遮阴，以减少水分损失。这种植物将水储存在其肉质茎秆内的浆状物中。

保持水分

在沙漠生活的每一个生物体都需要确保体内有足够的水。与在其他栖息地生活的动物不同，沙漠动物从粪便、尿液、呼吸或皮肤中失去的水分非常少。有些动物聚集到绿洲饮水，而另外一些动物则吃富含水分的食物。有些动物也可以通过新陈代谢中的化学反应从所吃食物中获得水分，例如某些啮齿类动物，能够利用食用的种子进行非常有效的新陈代谢，从而获得水分。另外，有些物种（如骆驼）不会轻易脱水。

希拉毒蜥

（*Heloderma suspectum*）

这种爬行类动物是最大的有毒蜥蜴之一，它行动缓慢，能充分利用发达的嗅觉器官发现和捕获年幼的啮齿类动物、鸟类和昆虫。它用尖利的牙齿撕咬猎物，并把下颚腺体内的毒液注入猎物体内。人若被它咬到会感到痛，但它的毒液对成年人并不致命。它的长尾巴内含有脂肪，就像骆驼的驼峰。具有鲜明对比色的皮肤可以用作伪装，也可对它潜在的敌人发出威胁性警告。

丛林狼

（*Canis latrans*）

丛林狼只生活在北美洲和中美洲，与家狗有亲缘关系，跑得飞快。它独特的夜间嚎叫，既可表明自己的位置，又能标明自己的领地。

半沙漠地区

与真正的沙漠不同，这种栖息地有少量降水，能满足仙人掌、灌木丛和短生植物生长的需要，这些植物能在短暂的生命期内生产出本地动物所需的食物。可获得的食物能促进更大范围内动物的生长发育，但是半沙漠地区寒冷的冬季仍然是对动物的挑战，它们必须找到贮存水的方法并找到躲避低温的藏身之所。

缺水条件下的生活

肉质植物将半沙漠地区稀少的降水贮存在肥厚的茎、肉质的叶片和发达的根系中，这些根系靠近地表，能使植物最大限度地吸收雨水，植物外皮的角质层能够调节水分蒸发。仙人掌的叶子呈针状，这不仅使水的损失降低到最小，而且保护它不受干渴动物的啃食。仙人掌中的水分占它重量的90%以上。

红尾鹰
（*Bute jamaicersis*）

姬鸮
（*Micrathene whitneyi*）

吉拉啄木鸟
（*Melanerpes uropygialis*）

基特狐狸
（*Vulpes macrotis*）

蓬尾浣熊
（*Bassariscus astutus*）

狼蛛
塔兰托毒蛛
（*Lycosa tarentula*）

阿根廷蚁
（*Linepithema humile*）

加利福尼亚走鹃
（*Geococcyx califonianus*）
追逐猎物时，它的奔跑速度可以达到32千米/小时。

西部菱背响尾蛇
（*Crotalus atrox*）

昆虫与蜘蛛

对无数的昆虫（如火蚂蚁、象鼻虫、蜻蜓、蝴蝶和蝉等）来说，半沙漠地区是它们的家园。其中最引人注目的蜘蛛是狼蛛，它能在黑暗中运用触觉捕猎。雌性的黑寡妇蜘蛛相当出名，因为它们会杀死雄性蜘蛛。黑寡妇蜘蛛的毒性超过了响尾蛇。

美洲半沙漠

虽然半沙漠地区可能会终年炎热，但美洲半沙漠的部分地区却会经历严寒的冬季，温度可以低达零下30℃。在美国，美洲半沙漠地区覆盖了整个索诺兰沙漠和莫哈韦沙漠。入冬时节，这里的昆虫不再活跃，很多哺乳动物将进入冬眠，少数动物（如大角羊）用成团的植被、木本植物和仙人掌作为水源，以避开天敌、抵御寒冷的天气。

巨人柱
（*Carnegiea gigantean*）
这种仙人掌能像手风琴的风箱一样扩展外表皮，以此来增加储水的容量，它的储水能力可达9 000升，茎可以长到15米，而根系又能深入地下30米。

在缺水条件下生存
在没有水的情况下，成年龟几乎能够存活一年。它们具备特别的适应能力，能用前腿挖掘又大又深的地穴，早上和傍晚它们离开地穴去觅食。这种龟能存活50~80年。

蝎子
为了自卫，蝎子能用它的腹部尾状尖端蜇刺敌人并注射毒液。

自我保护

为了躲避炎热天气、避免脱水，有的动物（如绿蛙、牛蛇、活板门蛛和跳囊鼠）会挖掘地下洞穴或搬入其他动物建造的洞穴。跳鼠会封堵藏身洞穴的进口，以保持湿度，而陷阱蜘蛛则用它吐出的丝来盖住藏身的小坑。

热带森林

赤道范围内，高温推动着快速的蒸发，带来了丰沛的雨水，热带雨林内形成了具有最大数量的不同物种的生物群落区。热带雨林的生态重要性在于其吸收二氧化碳。这一生物群落区发挥着稳定全球气候的作用，群集在其中的大量树木是供应全球的氧气制造厂。这些树木也有助于维持水的循环，防止洪灾与水土流失。雨林植物可作为食物，科学研究不断发现它们潜在的药用价值。●

湿热的热带森林

不同于只有雨季才会降水的热带季风森林，闷湿的热带森林常年都会降水。丰沛的雨水从土壤里带走了硅和其他物质，形成了含有大量铝和铁氧化物、颜色泛红或红黄的酸性土壤。尽管土壤贫瘠，温暖、潮湿的气候却为生命创造了绝佳的条件。潮湿的热带森林具有最为多样性的物种，这些物种以蓬勃的生机和复杂的方式相互作用。某些哺乳动物和其他动物总在地面上活动，但绝大多数动物在树林中穿行。很多动物主要依靠伪装自卫，也有的利用模仿自卫。大多数植物为常绿物种，具有椭圆形叶片，有些植物叶片带有小尖，能让水很快滴落。

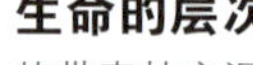

200

这是在1公顷的热带雨林中可以发现的树木种数。

下层林木

在这个层级，树荫冠盖层的树干笔直而没有分杈。这里还生长着灌木和棕榈，如藤条、藤蔓和许多攀缘植物。

1 参天林木
巨大而离散的乔木能长到高达75米，这些乔木可称为“参天大树”，为巢居动物提供了安身之地和进食平台。

2 树荫冠盖层
这一层形成一片连绵不断的枝叶华盖，厚度可达20米。树荫冠盖层位于参天林木的下面，在这里生长着很多花果。

3 下层林木
这层比树荫冠盖层更疏朗些，生长着众多的喜阴植物。由树荫冠盖层树木的根系形成的支承体系也出现在这一层。

4 地面层
穿透树荫冠盖层浓密枝叶的少量光线营造出阴暗、安静、植物稀疏的环境。

生命的层次

热带森林高温高湿的稳定气候，能使一些植物全力生长，高大无比，而有些植物却适应了森林地面有限的光线。这些不同的生长模式形成了森林的四个清晰层次，每一个层次都有其特殊的植物和动物物种。

森林地面

不断落到森林地面的树叶形成一层不断腐烂的有机物质表层，这些原料很快被昆虫吃掉，然后作为粪便排出。这种活动为树木的根系提供了丰富的养分。

地面层

厚厚一层落叶覆盖着热带雨林最下面的一层，在这儿发现的主要有机体是真菌和细菌，它们通过自身活动生产出一层称为“腐殖质”的沃土。潮湿的环境和定期降雨使掉到地上的有机质迅速腐化。树木在地表下铺开浓密根系，在养分被冲走前将其吸收。人类和大型动物（如美洲豹、巨型食蚁兽、大猩猩、鹿等）能够轻松地穿越森林的这层空间，因为这一层空间的阴暗遏制任何浓密植被的生长。貘和少数其他哺乳动物生活在森林地面上，吃从树荫冠盖层上掉下来的果实。

美洲豹

（*Panthera onca*）

美洲豹是攀爬专家。在准备扑击时，它会向后抿平耳朵、张大瞳孔、呲着结实的利齿，摆出攻击的架势。它的皮毛颜色提供了伪装，不需要时它会把锋利的爪子缩回。美洲豹爪子的伸缩机能与弹簧刀很相似。

红尾蚺

（*Boa constrictor*）

红尾蚺擅长游泳，可以在树上和地面捕猎，猎物包括鸟类和哺乳动物，用肌肉发达的身体缠绕挤压猎物使其窒息。红尾蚺身上斑斓的花纹模糊了它的外形轮廓，能帮助它在环境中长期伪装。

1 500毫米

这是热带雨林年降雨量的最低值。雨水使土壤酸化，并冲走部分土壤。

支承根系

令人惊奇的是，热带雨林下的大多数地表都由贫瘠、养分稀少、被称为氧化土的土壤构成。这类土壤，加上缺乏穿透森林树荫冠盖的阳光，阻碍着植物的生长。地表有着大量的真菌、苔藓、蕨类和巨大的树根。这些树根会构成向外扩张的支承系统，以支撑最高大乔木的重量。

捕食鸟类的巨型狼蛛

（*Theraphosa blondi*）

体重达150克，是世界上最重的蜘蛛；可达30厘米的横向长度，使它成为世界上第二大的蜘蛛。它极具攻击性、贪食、长着獠牙与蜇人的体毛，这种蜘蛛甚至可以吞食小蛇。它生活在深深的地下巢穴中，会通过刮擦身体的某些部位发出警告。

2 500

这是在森林地面生长的攀缘植物和木本藤科植物的物种数。这些物种以小灌木形式出现，并沿着树干向上延伸，以便得到光照。

军蚁

（*Eciton burchellii*）

在中南美洲的森林里，以劫掠为生的军蚁吸引着很多种鸟类，它们俯冲下来，捕食那些为了躲避军蚁从藏身之地逃出的小动物，这一活动也吸引了其他捕猎性物种（如蜥蜴、蟾蜍和寄生蝇等）。

巨型食蚁兽

（*Myrmecophaga tridactyla*）

这种食蚁兽用前脚上的弧形爪子挖开蚁穴，然后用蠕虫状的舌头分泌出的黏性唾液舔食蚂蚁。它的舌头伸出的长度可达60厘米。

南美貘

（*Tapirus terrestris*）

这种流线型貘大多数时间在水中，能靠游泳逃离天敌，有可以伸缩的短鼻子。貘靠很发达的嗅觉寻觅食物、逃避危险。

卷曲自如的鼻子

貘能用极为灵活的鼻子捕捉到很远处的气味。它卷曲自如的鼻子可以用来抓取高处的树叶和嫩枝条。

下层林木

这层林木的特点是光线少、不透风，但是它的湿度一直都很大。这一部分森林是猴子和鸟类穿行觅食的走廊，有些到地面觅食的鸟在下层林木筑巢。大量色彩各异的花（如姜和西番莲）以色彩来吸引传粉动物（如蜂鸟、蝙蝠和蝴蝶）。很多蝴蝶以炫目的色彩来伪装，吃蝎尾蕉树叶的蝴蝶能生产毒素来对付天敌。

翡翠树蚺

（*Corallus caninus*）

幼蚺呈红色、橙色或黄色，直到1岁以后才慢慢获得它特有的浓烈绿色。绿色的外表让蚺蛇融入树叶中，避开捕食性鸟类。翡翠树蚺用强有力的缠绕性尾巴紧紧缠住树枝，然后将头低垂，等着一跃而起捕捉猎物。这一物种有着竖立的瞳孔，有助它发现任何动静。

白颌卷尾猴

（*Cebus capucinus*）

这一物种被认为是新大陆最聪明的猴子，它们群居生活，每个猴群成员可达20只。当离群找昆虫吃时，它会用定期呼叫来保持与猴群的联系。这个物种的领地意识很强，会用尿来标识自己的领地。虽然它能从地上找到一些食物，但会从树上获得大多数食物。不过，这种猴子要爬下树饮水。在树上，它能利用强壮的尾巴抓住树枝，爬得很高。它还知道如何利用石块作工具来砸开坚果和软体动物的壳。

托哥巨嘴鸟

（*Ramphastos toco*）

犀鸟硕大的橘黄色鸟喙能伸出19厘米，用来啄取树枝末梢的食物。它深沉沙哑的叫声很独特。

360°

长臂猿的肩关节活动范围是一个圆周，能使它从树枝间荡秋千般地迅速穿越森林。

附生植物

这类植物利用树枝支撑获得阳光。下雨时，它们拦截和收集大量雨水，这些额外的重负会导致它们附着的树枝折断。

1 辐射状生长 凤梨的叶片从植株的中心向外生长。

2 水洼 叶片把雨水导向植株中心的微小盆状结构。

3 访客 在这个中心水洼可以发现许多小动物，如蝌蚪、蠕虫、蚊子和螃蟹。

4 执着不放的根系 利用根系，凤梨牢牢地附着在树枝上，尽管远离地面，这些根系仍提供了充分的支持与稳定性。

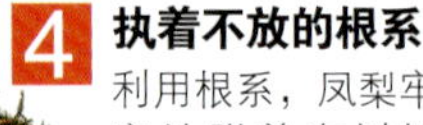

树荫冠盖

在这层空间里，可找到大量的果实、树叶、昆虫和其他食物源，以致很多动物都不必到地面觅食。绝大多数森林动物出现在树荫冠盖层里，它们在树枝中穿行，产生了特殊的适应能力，特别是某些物种，例如长臂猿有能够抓握的手脚和长长的上肢，能在树枝间荡悠（一种被称为臂跃的行动方式）。有的鸟类（如绿咬鹃）将果实囫囵吞下，再把核吐出来，核随后会发芽长成新的植物。大量被称为附生植物的各种植物攀爬和缠绕着树枝以接近阳光照射的区域。

参天林木

热带森林的最高一层是少数非常高大的乔木，它们的高度可达75米。与下层的林木不同，由于强烈的光照，参天林木显得很干燥，此处生长的叶片很结实。为了将蒸发减到最低程度，叶片都很小，并被罩着一层蜡。这些乔木还能利用吹打树冠的强风散布花粉和种子。参天林木也是强壮而又异常灵活的捕食者角雕的家园。角雕一直注视着下面的树荫冠盖层，寻找猎物。

拟椋鸟巢

该鸟巢是一个钟摆形结构，长可达0.5米，从高大独立的树上垂下来。有人认为这种鸟巢的形状会让蛇等天敌知难而退。鸟巢由细纤维和茎秆等像篮子那样编织而成，顶端有个孔作为入口。数代拟椋鸟可以用同一棵树作为筑巢地点。巢居群体是个充满活动的家园，特别是从1月份到5月份筑巢或修补鸟巢时。拟椋鸟属于新大陆乌鸫群组，它们响亮的、像人漱口所发出的嘎嘎声广为人知。

林奈氏两趾树獭

（*Choloepus didactylus*）

这种树居物种会爬到地面来排泄粪便。它的前腿比后腿长，上面有两个趾头，长着又长又弯、像钩子的爪子，这些钩爪是其树居生活的理想工具。该树獭长长的棕色皮毛略微泛绿，因为上面可能长了藻类。树獭的食物主要是树叶，在森林养分循环过程中，它也起着重要作用。

富氏饰肩果蝠

（*Epomops franqueti*）

这种有翼哺乳动物依赖的是高度发达的听觉与嗅觉。因为视力很差，在完全黑暗中它利用回声定位来定向。由于以果实为食，它在种子的播散即森林的自然更替中起着重要的作用。它是携带埃博拉病毒的三种非洲果蝠之一。

3 000

这是一只食虫蝙蝠通常一夜之间吃掉的昆虫数量。它通过回声定位找到昆虫，在这个过程中，蝙蝠发出声波，形成回声返回。回声的返回速度为蝙蝠提供了相关的环境信息。

太阳锥尾鹦鹉

（*Aratinga solstitialis*）

这种和平友好的鹦鹉非常喜爱群居生活，每个鸟群常常有30多个体成员。随着年龄的增长，它们的羽毛颜色变得更明快生动，这有助于它们融入环境，避开天敌的视线。此外它们具有特别的天赋，能发出和模仿声音，用来吸引同伴的注意力。不能友好相处时，它们会变得很好斗。它们也喜欢与人为伴。

王鹫

（*Sarcoramphus papa*）

它的翼展几乎达到2米，是最大的秃鹫，被称为“王”。当降落在一具尸骸上时，它会吓跑其他的秃鹫。因为它们通常呆在远离观察者的树梢上，或者飞得很高，人们很难研究它们的习性。它们不迁徙，也不筑巢，而是利用树缝等地方做窝。

一树一世界

亚马孙森林是世界上最大的热带森林，覆盖面积约800万平方千米，以巨大的生物多样性而闻名，是约250万种昆虫、2 000种鸟类和哺乳类动物的家园。这片雨林被分为四个主要层次，从地面到树梢的距离超过75米，跨度相当大。这四个层次（森林地面、下层林木、树荫冠盖和参天林木）之间的差异非常明显，使其中的动植物产生了特定的适应性。

适应多雨气候

大多数雨林的树木长着带尖角的叶片，这有助于让掉在叶面上的水很快流走。

大蓝闪蝶

（*Morpho menelaus*）

这种具有虹彩光泽的蝴蝶用从头部伸出的管状附器来吸食腐烂的水果汁，它也吃真菌，并帮助它们传播孢子。

绯红金刚鹦鹉

（*Ara macao*）

王鹫

（*Sarcoramphus papa*）

白颌卷尾猴

（*Cebus capucinus*）

这种猴子食性很杂，其食物主要由果实、昆虫组成，但也包括小型脊椎动物和鸟类。只有找水时它才会爬到森林地面。

1 参天林木层

这个乔木层是捕捉到阳光最多的森林最高层，在它生长迅速、枝叶繁茂的叶丛中，不同物种的鸟类和猴子在觅食安家。很多长在树枝上的附生植物，在向阳生长时达到这一层。除了角雕、王鹫及其他捕猎性鸟类外，其他诸如色彩绚丽的金刚鹦鹉（住在挖空树干筑的巢中）、果鸦、白颈褐雨燕等鸟类可在此高度找到果实和昆虫。鸟类能在这些乔木间的空阔处翱翔，而猴子等其他动物则能利用爪子和缠绕性尾巴在树枝间轻松移动，来抓鸟、拾蛋，甚至逮住蜥蜴。

种子的传播

树木和植物需要播散种子，以便有足够的空间和光照让种子萌芽、生长。在很多栖息地，种子一般由风传播。在参天林木层中，种子的传播较多依赖鸟类与其他动物。这些动物吃参天林木层的果实，通过粪便把种子撒到别的地方。

普通松鼠猴

（*Saimiri sciureus*）

托哥巨嘴鸟

（*Ramphastos toco*）

它用鸟喙的尖啄住果实，然后很快地一晃脖子，将食物抛入喉咙。

缤纷的羽毛

大多数鸟类（如常见的伞鸟、金刚鹦鹉、绿咬鹃和蜂鸟）都长着亮丽的羽毛，在浓密的树叶中可以相互识别，雄鸟的羽毛特别绚丽，以帮助它们吸引雌鸟。

绿咬鹃

（*Pharomachrus pavoninus*）

长毛吼猴

（*Alouatta palliata*）

由于在这部分的雨林里很难看得远，这种西半球最大的猴子发出令人毛骨悚然的叫声，5千米以外都能听到，这些叫声是用来与其他吼猴联络的，声音从吼猴喉部的一个可膨胀的袋状骨质结构（舌骨）发出。

翡翠树蚺

（*Corallus caninus*）

藤蔓植物

这些木质藤条能爬到树上，利用树干来支撑它们。最广为人知的是白藤，可以用来制作家具和绳索。藤蔓植物可以长得和树一般粗。

红冠啄木鸟

（*Campephilus melanoleucus*）

这种啄木鸟用结实的长喙来钻透树皮，然后用又细又尖的舌头将树蠹的幼虫勾出来。

2 树荫冠盖层

树荫冠盖层的树枝比参天林木层的粗壮，能支撑更重的动物（如树獭和大型猴子）。树荫冠盖层在参天林木层的下面，受到参天林木层的荫蔽。较为昏暗的环境使动物养成了某些适应性，如发出异常响亮的呼叫声与同伴联系，比较典型的例子是吼猴。巨嘴鸟则用其鸟喙来相互区别。

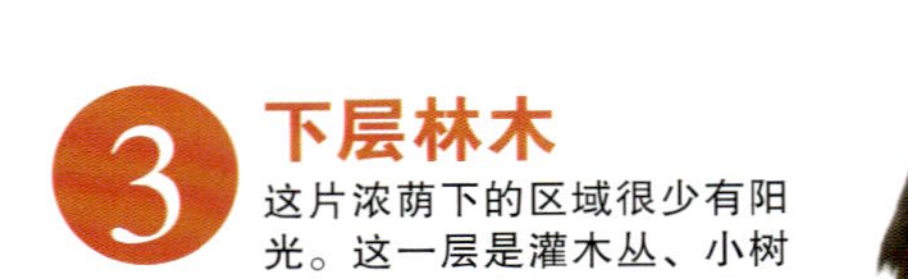

3 下层林木

这片浓荫下的区域很少有阳光。这一层是灌木丛、小树和攀缘植物的家园，这些植物很多有着红色或深绿色的叶片。下层林木作为动物（如蝙蝠、松鼠、猴子、蛇等）向下活动到森林地面，或向上活动到参天林木的过渡地带。在这一层的其他动物包括蛙类，这些两栖动物用凤梨中的小水洼来呵护它们的卵和蝌蚪。

眼镜鸮

（*Pulsatrix perspicillata*）

它有着尖利的爪子，敏锐的视觉和超常的听觉。这种猫头鹰能在微弱光线下捕猎，它的猎物有哺乳动物、树蛙和小昆虫。与其他在飞行中巡视狩猎的猫头鹰不同，这个物种呆在树枝上狩猎，从树枝扑到地面或在叶丛中抓捕猎物。

南美长鼻浣熊

（*Nasua nasua*）

这种动物成群觅食，共同分享。它有强壮的四肢和类似熊爪的爪子，用来攀爬和掘地。因为它的关节很灵活，能够头朝下往树下爬。如果察觉到危险，它会竖起长尾巴向其他长鼻浣熊发出信号。

棕榈树

下层林木中缺乏阳光，只有某些生长缓慢的棕榈树能在这里生长。

附生植物

这些植物从树荫冠盖层开始成长，从空气、雨水及支撑它们的树枝上的堆积物中获取养分。

白颈三趾树懒

（*Bradypus tridactylus*）

这种动物几乎一生都在树上度过，只有排泄粪便时才从树上爬下来。它一边紧紧地抓住树干，一边挖容纳粪便的小坑，然后把粪便掩盖上。它的皮毛上会附生一种藻类，使它棕色的皮毛微微泛绿，成为一种伪装，而飞蛾以这种藻为食。

攀缘植物

这一类存在着2500多个物种，有些可以长达75米。有的植物，如爬树龙（*Rhaphidophora decursiva*），长着缠绕树干的气生根，以便达到更高处接受光照。

南美小食蚁兽

（*Tamandua tetradactyla*）

它用强壮的爪子刨开蚂蚁和白蚁的巢穴，把猎物挖出来。小食蚁兽用前爪的后部行走，避免将尖利的爪子扎入掌内。它用能分泌黏液的长长的舌头黏住猎物。这种动物还喜欢蜂蜜和蜜蜂，作为它所吃的果实和肉的补充。

毒箭蛙

（*Dendrobates auratus*）

因为这种蛙类的很多敌人，如蛇和蜘蛛等，都对不太强的毒素有抵抗能力，这种蛙能通过皮肤分泌出一种毒性很强的碱性化学物质进行自卫，它用鲜艳的颜色警告它的天敌小心毒性。蛙卵孵化后，雄蛙会背驮着蝌蚪把它们放入雨水形成的小水洼、树的裂隙或凤梨类附生植物的积水里。

4 森林地面

由于树荫冠盖层投下的浓密树荫，森林地面相对来说植被很少。只有在树荫冠盖出现中断的地方，森林地面才会生长出茂盛的植物。树荫冠盖吸收或反射了大部分阳光，只有5%的光线能穿透并到达地面。

然而，有的哺乳动物和鸟类不爬树，或不飞翔，包括小个头的普度鹿、犰狳和红地鸠。此外，有一些生活在森林地面败叶下的特别动物（如蟑螂、甲虫、蜈蚣和蚯蚓等），它们与真菌、细菌等，蚕食从上面各层落下的任何东西。

狐鼬
（*Eira barbara*）
它既有地面生活习性，也有树居的习性，还是攀爬高手和游泳健将。它的食性很杂，从果实到小动物（如松鼠和鸟类），什么都吃。美洲豹捕猎狐鼬，为了安全，狐鼬常常结对而行。

循环

与它供养的丰富生命相比，森林地面植被显得非常稀少，然而它却是一个生机勃勃的地方，高温高湿使不停地从树上飘落的树叶加速分解，这些树叶被昆虫转化为大树的养分，树的根系与真菌形成一种共生关系。

美洲豹
（*Panthera onca*）

环颈西貒
（*Tayassu tajacu*）
这种哺乳动物成群生活，它有一股奇怪的气味，是在摩擦腰部味腺时产生的。环颈西貒很像普通野猪，但没有外露的獠牙。

温带森林

这种类型的森林几乎占世界上所有林地面积的一半。这种生物群落区覆盖了从冬季气候寒冷的地带到亚热带地区，其树木通常是落叶树（即冬季树叶会脱落）。温带森林生物以特殊的适应性度过冬季，春天到来时，森林里勃发着各种充满生机的活动。在最暖和的地区，温带森林的树叶终年不凋落。●

常绿森林

也称为硬叶森林，由阔叶乔木构成。它不同于落叶森林，只要有液态水，树叶在冬季也能够照常生长。这类森林在美国加利福尼亚、南美洲西部、地中海地区以及澳大利亚东部与东南部都有发现。常绿森林的树冠错落、疏朗，阳光能够穿透，有几种地栖动物生活在这种森林中。由于这里的树能产生油脂，常绿森林常常弥漫着植物的馨香。

短角蝗虫

（*Acrididae*）

大小介于1~8厘米，全世界大约有10 000种蚂蚱已经得到了确认。蚂蚱是食草昆虫，只吃植物。这些昆虫常常集结成群为害庄稼，对农业有害。

生存的策略

对大多数物种来说，春夏之季的生活相对简单，这是一个食物丰富的时期，也是交配、繁殖后代的好时机。不幸的是冬季天气恶化，迫使很多鸟类迁徙，寻找条件更好的生存区域，但是有些鸟类与动物（如秃鼻乌鸦、啄木鸟、赤狐等）靠贮藏的食物生存。豪猪利用体内积累的脂肪储备熬过6个月，有些动物则靠冬眠越冬。

游隼

（*Falco peregrinus*）

这种在白昼飞行的隼是世界上飞行最快的鸟类之一，速度可以达到320千米/小时。除了南极外，这个物种在世界各大洲都有发现。由于20世纪50~60年代使用滴滴涕杀虫剂，导致游隼种群急剧减少。

树袋熊

（*Phascolarctos cinereus*）

树袋熊大多数时间都呆在桉树上，不断地爬上爬下。它每晚花4个小时在树上进食。有时为了帮助消化，它爬下树来食用泥土、树皮和小石子。虽然它外表可爱，让人禁不住想搂抱、爱抚，但树袋熊对干扰者会毫不留情地撕咬、抓挠。

落叶林

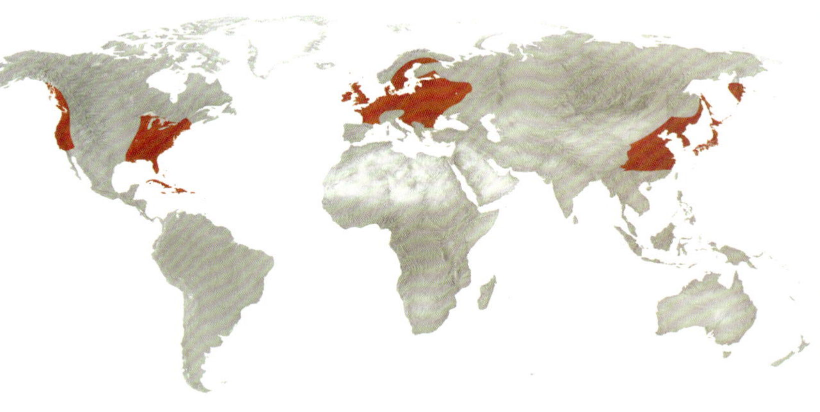

这个生物群落区的树木在寒冷的季节会落叶。入秋后，树叶凋落到地上形成厚厚的一层，昆虫、蠕虫和某些小型哺乳动物会用这层树叶作为冬眠之地。冬季没有动物活动时常常呈现出荒凉的景象，但是，入春后森林会很快又呈现出勃勃生机景象。落叶林养育着大量各种各样的鸟类和其他动物物种。

最常见的树是橡树、山毛榉和榆树，在湿热的地区，常会见到被苔藓包裹着的此类树木。落叶林是北半球最常见的森林，它出现于北美洲东部和西部海岸以及欧洲和亚洲的很多地区。

北美灰松鼠

（*Sciurus carolinensis*）

它们是机会主义觅食者，食物由果实、花卉、真菌、花蕾、坚果和种子等构成，它们把这些食物贮藏起来，以便冬季食用。它们常常用树枝、树皮和草来筑窝。与欧洲松鼠不同，北美灰松鼠背是灰色的，腹部下面呈浅色、白色或近于白色，过去曾从北美引入到欧洲。

赤狐或普通狐

（*Vulpes vulpes*）

这种广泛分布的物种可以在很多温带森林发现，甚至能在北极发现。它们昼夜都很活跃，生活在洞穴和其他隐蔽的地方，如拓大了的兔穴、岩石间的窄隙或农场外围的附属建筑下。

乔木层

这些交错的树冠构成树荫冠盖层。夏季，众多的鸟类和昆虫布满森林。不同于其他的森林，这层树荫冠盖通常很厚，但是很疏朗，阳光能够穿透到达下层林木，促使植物生长。但在夏季，茂盛的树叶遮蔽了大部分阳光，只有极少部分能够到达地面。在森林地面上，落下的树叶（主要是橡树和其他落叶树的叶片）形成一片土壤覆盖物，呵护着世界上最丰富的微型栖息地之一。

欧亚獾

（*Meles meles*）

欧亚獾与其他的鼬类（即黄鼠狼家族的成员）不同，它们生活在由6个成员组成的部落里，住在地道和地下洞室中，守卫着多达150公顷的领地。虽然视力不佳，欧亚獾却有着敏锐的嗅觉。它脸上的条纹是一种伪装。

大角鸮

（*Bubo virginianus*）

耳朵上明显的角、尖利的喙、庞大的翅膀、有力的利爪，这些特征使这种巨大的猫头鹰外貌很吓人。敏锐的视觉和听觉使它成为本领高超的夜间猎手，它捕猎时既凶猛、敏捷又悄无声息。这种鸟有领地意识，喜欢定居。雄鸟和雌鸟共同照顾幼雏，保护着通常建在树洞里的巢穴。

落叶林

生长在这里的乔木，如橡树等的树叶在每年寒冷的月份里都会掉落。春夏季节，大量昆虫以这些充足、阔薄、容易蚕食的树叶为食，很多鸟类也在落叶树木中寻觅藏在叶片中的幼虫和蠕虫。有些鸟类甚至能啄透树皮，啄食那些生活在树木内部的小动物。

燕雀（*Fringilla montifringilla*）
这种鸟发出嗡嗡的鼻音，修筑杯形的鸟巢，巢里铺着地衣、树皮、根茎、毛发和羽毛。燕雀能群集成数百万只的鸟群。

黇鹿
（*Dama dama*）
它主要吃草与橡树的果实，以100多头的鹿群集体行动。它带斑点的皮毛可以用来伪装自己以躲避天敌。

红带葬甲
（*Nicrophorus investigator*）
它将死去的小型脊椎动物"全身而葬"，然后将卵产在这些被埋葬的尸骸里。

结网蜘蛛
（*Leptyphantes zelatus*）

循环过程
真菌是重要的有机体，能加快树木和动植物残骸的分解。

无脊椎动物的作用
昆虫、蜈蚣、线虫以及其他吃植物与腐木的无脊椎动物居住在森林落叶的下面。经过一段休眠期，春季的到来会使昆虫大量涌现。它们是复杂的森林食物网的基础。

落叶

落叶树会产生一层厚厚的不断分解的落叶，在这儿生活着大量的昆虫、真菌与细菌。这些有机体通过分解落叶为土壤提供重要的养分。蚯蚓爬过这些物质时，吃下它们又会排泄出来，通过这种方式将埋藏层和地表的材料混合，蚯蚓钻的通道则有助于土壤透气与排水。落叶转化为可用养分的过程能持续两年，在这个过程里会有新植物的生长。

夜间猎手

这种独行动物白天安静地栖息在树上，夜里捕猎。它是很多鸟类的超级天敌，能够杀死其他的猫头鹰和肉食性禽鸟。它低沉的啸叫声在2千米以外都能听到。

橡树

这种落叶物种能长得很高大，是无数藏身其中的动物的家园、育儿所和食物柜，一棵大橡树可以养活约40万条毛毛虫。橡树能迅速地催生花蕾、产生丹宁酸作为驱虫剂来保护自己。大黄蜂（*Andricus kollari*）把卵产在树上时，橡树会分泌出一种物质，刺激卵周围的树细胞生长，形成树瘤包围幼虫，阻止它进一步侵害树的其他部分。同时橡树为幼虫提供食物和庇护所。橡树的寿命很长（可存活600多年），橡木是最受欢迎的木材之一，橡树木质很坚实，可以用来做从家具到宫殿建构材料的任何制品。

挖掘宿根的拱嘴

欧亚野猪用它像挖掘铲一样独特的拱嘴，从森林地面的枯叶下挖掘食物（宿根、真菌和小动物）。这种野猪可以长到2米长。除了交配季节，雄野猪单独活动。

松貂

（Martes martes）

敏捷并且能跳跃相当远的距离。松貂有爪子，这使它成为攀爬好手。它的皮毛深受人们珍视。

可食睡鼠

（Glis glis）

也称为可食榛睡鼠，这种松鼠可以冬眠6个月，靠“吱吱”的叫声联络。

洞穴

某些动物挖掘作为临时居所的窟窿或隧道。在落叶林带里，洞穴很常见，它们由兔子、土拨鼠和其他啮齿动物构筑。洞穴可以用来逃避天敌，躲避不利天气。据估计1只土拨鼠的洞穴可以占据1立方米空间，需要搬走约300千克泥土。

“隧道建筑工”

这种兔子能够挖出复杂的隧道系统，称为兔穴，穴中有很多紧急进出口。

针叶林

针叶树是抗性很强的树种，因为有坚韧的针状叶子，它们在低温强风中能够存活，叶子的针状外形使雪不能堆积。针叶树的种子是一种很有价值的冬季食物来源，在成熟之前一直长在闭合着的锥状果实里。虽然多数针叶树为常绿树，但有些针叶是会掉落的，落下来后，会让土壤酸化，降低土质。这些树紧密地长在一起，形成密密的树丛，以抗御强风。从寒冷的北纬与高山坡地到温带，甚至连热带低纬度地区都有针叶林存在。

温带雨林

范围最广的雨林出现在热带，但是雨林也存在于温带地区，例如北美洲西部海岸一带。世界上最大的温带雨林就出现在这个地区。这些森林里的针叶树高度能超过75米，主干直径可达3米以上。与北方森林不同，这种生物群落区相对稀少，气候特点是适宜的温度。温带雨林的湿度与温度条件有利于蛞蝓和蝾螈等物种生存。

伶鼬

（*Mustela nivalis*）

这种鼬白昼和夜晚都很活跃，为了生存，每天它们需要吃相当于自身体重1/3的食物。

暖血性

这是某些种群动物（如鸟类和哺乳动物）的特性，这种特性使它们能够维持恒定的体温，而不受环境温度的影响。暖血特性使这些动物在高温和低温环境中都很活跃。

1 500千米

这是某些鸟类为了在严酷的冬季能够生存所需飞行觅食的距离。

普通仓鸮

（*Tyto alba*）

这种擅长捕猎的动物长着独特的心形脸和黑色的眼睛。它的视觉和听觉高度发达，能够在夜里精确地判断猎物的方位。这种动物以鼠类为食，进食时会将它们囫囵吞下。

北美豪猪

（*Erethizon dorsatum*）

这种豪猪以它长达8厘米的成排长豪而闻名。虽然豪猪行动很笨拙，却能爬树觅食。这是一种很吵闹的动物，特别是求偶时，它会呜咽、尖叫、咕哝、呻吟和悲号。

北方森林（或泰加林）

这是世界上最宽广的森林带，覆盖着大约1 500万平方千米的面积，它横跨俄罗斯北部、西伯利亚、北欧、美国阿拉斯加以及加拿大北部围绕哈德逊湾的地区。这个生物群落区的气候非常寒冷，但夏季的平均温度为19℃。生活在这片地区的动物已经慢慢适应度过漫长而严酷的冬季。这里所有的动物都需要良好的食物供应，以免被冻死。

加拿大猞猁

（*Lynx canadensis*）

这个独行猎手能成功地扑倒像鹿一样大的猎物。它脚掌上长着厚厚的毛垫，能使它毫不费力地在雪地上行动。

棕熊

（*Ursus arctos*）

因为它强壮的体格和反复无常的行为而出名。棕熊会威胁到人和牲畜，它常常避免与人接触，但是，会摆出恶狠狠的凶相来自卫，特别是在找不到庇护之地时。

狩猎狼群

灰狼生活在占据和保卫着大片领地的狼群里，用尿液标识它们的领地。狼群捕猎大型鹿、驼鹿、驯鹿或麝香牛等体重可能达到单条狼十倍的庞然大物。在狼群的等级体系中，占统治地位、有繁殖能力的一对优先享用捕获的猎物。狼群中的狼经常会显示体现凝聚力的行为，例如相互舔对方和摇尾示好。

狼獾

（*gulo gulo*）

这是最大的陆生鼬科动物，它粗壮，喜欢单独潜行，经常借助宽大的爪子和结实的腿在松软的雪地上鬼鬼祟祟地跟踪猎物。狼獾强有力的两颚能嚼碎冻硬的肉和骨头，它也吃生病的动物。它的咆哮类似棕熊，这种恐怖的声音就足以吓跑天敌。

泰加林

北方森林，也称为泰加森林，源于希腊神话中北风之神伯瑞斯的名字。与其他森林不同，这里只有几种针叶树物种，它们特别能抗御强风、适应低温。这些大树的粗壮树枝和针状树叶投下的浓密树荫影响了其他植物的生长。针叶树的种子被包在有木质保护鳞片的闭合的锥形果球里。虽然这些种子很难取出，但松鼠和其他动物能将它们掏出并贮藏起来，以备冬季食用。

家燕
（*Hirundo rustica*）

欧洲赤松
（*Pinus sylvestris*）
这种松树特别能抵御霜冻、劲风和雪。

驼鹿
（*Alces alces*）
鹿科家族中体型最大的动物，繁殖季节雄性鹿用鹿角与竞争者争斗。

欧亚獾
（*Meles meles*）

猫科猎手
这种食肉动物可以扑倒比它大4倍的偶蹄目食草动物。

欧亚猞猁
（*Lynx lynx*）

酸性土壤
常绿乔木挡住了大部分阳光，落下的针叶增加了土壤的酸性，结果只有苔藓和地衣等微小植物主宰着森林的地面。

欧亚獾
（*Meles meles*）
獾在由隧道和洞室组成的庞大洞穴系统中群居生活，每一个隧道群的进口可能多达10个。獾会在巢内铺一层干草、树叶和苔藓。虽然视觉不佳，但它们的嗅觉却很敏锐。獾脸上的条纹可以起伪装作用，也可作为群内成员相互识别的标记。

西伯利亚泰加林

泰加林带覆盖着西伯利亚的广袤区域。这一地区的冬季漫长严寒，只有清一色的成排针叶树能在此生长。在西伯利亚北部，冻土上的温度可以降到约-70℃。降雪使树很难获得水分，但针叶能阻止水分散发，整个冬季针叶都能保持常绿。令人惊奇的是很多动物（如狼獾、驯鹿、熊和红松鼠等）生活在这片栖息地里，虽然极端的条件会迫使某些动物南迁或到地下寻找避寒之所。春季来临时，松树、冷杉和其他树木会重现生机，苔藓和地衣也会重新出现，溶化的雪水使地面变得潮湿松软，非常适合虫卵发育，雪水会形成水塘，河狸、水耗子、野鸭和鹤等在这里觅食。

高 山

山地与其他气候稳定的栖息地不同，每上升1千米，温度几乎就会下降5℃。此外，海拔越高，氧气越稀薄，气候越干燥，大气滤除的紫外线越少。尽管有这些不利条件，高山仍然是多种生物的家园，很多生物分布在森林覆盖的坡地上。在更高的地区，可以见到低矮的植物、巨石和白雪皑皑的山峰。因为要求特别强的适应能力，这里的生物的天敌可能就少得多。

热带高山

热带地区，甚至某些高海拔地区，温暖的气候能够促进植被的生长，在海拔4 000米的高度仍然能够发现树林。在更高的海拔地区，也有小羊驼和安第斯蜂鸟等动物生存。安第斯蜂鸟的体型过小，以致不能保持足够的能量度过黑夜。在冬季的夜里，这种鸟常常会处于麻木状态，体温和新陈代谢降低。热带高山森林常常被云雾笼罩，云雾缭绕的森林呵护着一些濒危动物，包括山地大猩猩和绿咬鹃等。

安第斯熊

（*Tremarctos ornatus*）

由于眼睛被白色毛环绕着，这种熊也被称为眼镜熊。它是个素食者，有着大大的双颚和臼齿，因此能嚼动特别强韧的植物。安第斯熊还会发出奇怪的叫声。

小羊驼

（*Vicugna vicugna*）

这是一种啃食枝叶的动物，它会用有裂瓣、能抓握的上唇把要吃的草从地面拔出来。它的血液中含氧量很高，能爬到高山上啃食牧草。这种动物有领地意识，用它的粪便作为标记。小羊驼原产于南美的安第斯山区。

供氧问题

很多生活在高山里的动物逐渐形成了加强血液中含氧量的能力。鸟类有单向呼吸系统，喜马拉雅山的有些鸟类利用这种呼吸系统可以飞到8 000米的高度。而诸如小羊驼等哺乳动物则通过增加血红细胞来改善氧的输送以适应环境。

山地大猩猩

（*Gorilla beringei beringei*）

不同于其他大猩猩，山地大猩猩的皮毛又长又乱，这有助于它在海拔4 000米的高度保持体温。它们生活在群体里（最多可达40头一群），群体一般由一头银背雄性大猩猩和数只雌性大猩猩及后代组成。银背大猩猩紧张时会打哈欠，自卫时会狂吠并瞪着敌人。山地大猩猩基本上是草食动物，但也会吃幼虫、蚂蚁和蜗牛。它们经常面临偷猎者的威胁。

温带高山

这里气候更稳定，春天的到来会使高山上的植物明显增长。春季也会促使许多动物向上爬到通常是捕猎性鸟类栖息的地方觅食。被称为碎骨者的秃鹫会把已死动物的骨头带到高空再扔下来，骨头砸在地上就会裂开，秃鹫就能吃到骨头里的骨髓。其他动物如土拨鼠等，会离开巢穴去享受应季的鲜果。在低海拔的山地森林中，天气更暖和些，在这里生活着山狮、熊、鹿和大量不同的鸟类。

牦牛
（*Bos grunniens*）
喜马拉雅本地产的这种大型牛科动物生活在海拔6 000米的高山上，它们通过咀嚼冰来获得水源。它们没有天敌，虽然在罕见的场合，据说熊曾经攻击过它们。牦牛已经被驯化，用来驮运重物。作为牛奶、牛毛和肉食的来源，它们很受重视。

黄腹土拨鼠
（*Marmota flaviventris*）
这种啮齿动物适应性很强，主要吃种子、草、花和其他草本植物，生活在由1只雄鼠与数只雌鼠组成的群体里。黄腹土拨鼠在洞穴内能冬眠8个月，洞穴由雄土拨鼠挖成。白天它很活跃，大多数时间都在觅食。

季节性迁徙

与热带高山不同，在温带高山中，冬季是艰难的时期，随着食物供应减少，有些需要冬眠的动物（如昆虫等）会进入深深的昏睡状态来减缓新陈代谢活动；有些动物会迁移到海拔较低，更暖和些的地带。山羊和驯鹿的交配期正好与这种垂向迁徙重合，有些动物物种的迁移会跨过森林覆盖的坡地直到海平面。

北山羊
（*Capra ibex*）
它们生活在海拔高达6 700米的高山上，有着粗大的弧形羊角，就像阿拉伯弯刀。雄性北山羊用角来竞争羊群的霸主地位，并支配母羊。公羊聚集在一起，就像野羊一样，后腿蹬直，竖起上身，用巨大的角进行较量来确立它们的统治地位。冬季来临，它们的毛会增厚并改变颜色。

雪豹
（*Panthera uncial*）

这种长着毛茸茸皮毛的猫科动物能生活在海拔高达5 000米的栖息地，除了交配季节，它们都独自活动。雪豹埋伏在多岩的坡地等待猎物时，它的皮毛能起到伪装作用。此外，它有结实有力的双颚，短粗强壮的四肢，适合爬树。没有立刻被吃掉的猎物会被它拖到树上贮藏起来。它们白天捕猎，攻击比它或大或小的猎物，几种猎物（如野兔、土拨鼠、山羊，甚至牦牛）构成了它的食谱。

温带高山

喜马拉雅山系包括了世界上最高的大山，它的最高峰珠穆朗玛峰海拔为8 850米。雪暴、浓雾和飓风是这里恶劣天气条件的体现。牦牛和少数其他动物能在海拔6 000米的高度生存。然而，随着海拔高度的变化，温度、空气质量和含氧量水平各异，影响了很多物种的生长发育，即使那些远离终年积雪地段的物种也受到了影响。

适应性

喜马拉雅山就像北极一样，对动物来说那里的环境非常恶劣。然而，28种哺乳动物——从毛茸茸的牦牛到小型鼠兔——却能够设法在那里严寒的冬季生存。这些哺乳动物借助自身皮毛或寻找、构筑避寒所生存下来。春季，高山草甸吸引着许多像山羊一样的食草动物，如西伯利亚野山羊和喜马拉雅塔尔羊。

本地物种

雪豹、喜马拉雅鼹鼠和喜马拉雅塔尔羊是喜马拉雅山系独有的物种。

普通红隼
（*Falco tinnunculus*）

普通翠鸟
（*Alcedo atthis*）
这种鸟的鸟喙十分尖利，特别适于捕鱼。冲入水中后，流线型的翅膀保证其能够迅速冲出水面。

欧亚棕熊
（*Ursus arctos*）
它用硕大的爪子挖掘宿根和球茎。冬季这种熊往往在山里的地下巢穴里避寒，最长可达6个月。因为不能降低体温，在冬季它依靠体内积聚的脂肪生存。

层级性地貌

高山地形不是一成不变的。低于海拔4 500米处积雪笼罩的山峰和岩石突露的深黑色花岗岩坡地下，会有长着苔藓、地衣、草本植物和低矮灌木（如雪莲和杜鹃）的地方。春天，溶化的雪水促使高山花卉（如龙胆草、虎耳草和报春花）竞相吐蕊。在海拔3 500米以下的地方，生长着青松、雪松、桦树和刺柏。

普通小檗
（*Berberis vulgaris*）

喜马拉雅鼠兔
（*Ochotona himalayana*）

昆虫

在高海拔地区，植物吸引了成千上万种昆虫，包括缨尾虫、苍蝇、蝴蝶和很多种甲虫（如瓢虫与锹甲虫）等，很多鸟类会啄食这些昆虫。其他一些无脊椎动物（如百足虫、蜘蛛、蠼螋）则藏在岩石下寻找地衣或苔藓的孢子。

叩头虫

锹甲虫
（*Lucanus cervus*）

七星瓢虫
（*Coccinella septempunctata*）

养育之源

数千年来，牦牛奶和牦牛肉一直养育着西藏人。除了作为食物来源外，牦牛在藏传佛教仪式中起着重要的作用，如敬献的酥油就是牦牛所产。牦牛肉跟普通牛肉一样细嫩，但营养更丰富。

极地区域

北极和南极——极圈环绕的地区——是地球上最寒冷的栖息地，在夏季这里都会有日照达24小时的极昼，而冬季又会有黑夜达24小时的极夜。北极是一片被冰层覆盖、由广袤冻原环绕的海洋，某些动物会在冻原上啃食。南极则是一片完全被广袤冰层覆盖着的大陆，由世界上风暴最强烈的海洋包围着。●

磷虾
（*Euphausia superba*）
这种大洋里的甲壳动物只有6厘米长，却是食物链中最重要的一环。它是很多鲸类、企鹅和鱼的食物来源。

南极

南极远离世界其他大陆，被厚厚的冰层覆盖着，冰层最厚处达4 000米。稀稀落落的植被不能维持陆生动物的生存，围绕着这片大陆的南极海洋却是世界上最富饶、最多产的地区之一。在这里，一团团由个体磷虾组成的虾群可重达上千万吨。夏季，藻类和地衣在南极洲的海岸线上生长，但是更大的植物只能在南极半岛上生存。

帝企鹅
（*Aptenodytes forsteri*）
帝企鹅是地球上最大的企鹅，能够忍受极低的冬季温度，还能潜入约530米深的海水中。帝企鹅的繁殖行为很不寻常，冬季，雌企鹅产完一枚卵后，会走向大海，直到春天幼企鹅孵出来时才回来。雌企鹅不在时，雄企鹅用带羽毛的皮肤形成的袋子裹着蛋抱在脚上，保护着它免受严寒侵袭。

7 600平方千米
这是南极无冰地区的面积，南极洲是地球上的第四大洲。

豹形海豹
（*Hydrurga leptonyx*）
与其他海豹不同，这种独自活动的捕食者（也称为海中豹子）用前鳍游泳，用宽大的双颚和结实的牙齿从水中滤取食物。它是食肉类哺乳动物，除了吃磷虾和鱿鱼外，还善于猎捕企鹅。

冰面下的生活

鲸和海豹需要潜入水下觅食，但必须浮上水面呼吸。冬季，洋面的冰限制了它们呼吸空气，于是，很多物种就迁徙到低纬度地区。而不离开极地的动物，如海豹等，需要在海冰上保留呼吸孔，被冻结的呼吸孔可厚达2米。

座头鲸（亦称驼背鲸）
（*Megaptera novaeangliae*）
这种鲸在海岸线附近生活。春天它从热带迁移到北冰洋或环绕南极的南极海洋。虽然它没有声带，却能发出一种歌唱（有时会被认为是世界上动物所发出的最复杂最丰富的声音），用来吸引雌鲸或警告其他的雄鲸。这种歌声也可当作一种雷达波来发现其他的鲸。

冰盖
覆盖着南极的冰盖比美国的面积还大50%，某些研究表明这个大陆局部地区的冰正在融化，而另外的研究却指出南极是地球上主要的结冰体，其冰团非但没有消失，反而正在增加。

北极与冻原

北冰洋是地球上面积最小、最浅的海洋，一年的大部分时间它都被一层厚厚的浮冰遮盖着。尽管条件恶劣，靠近海洋的海岸线却居住着因纽特人等族群。北极地区由单调广袤、被称为冻原的平原环绕着，那里没有任何树木，地表下面永久冻结着。此一地下的冰层，也称为永冻层，能防止溶化的水流失，以致可以在一个几乎没有雨雪的地区找到一汪汪水塘。夏季，地下冰层的表层溶化了，迅速生长的各种草类和野花吸引着一群群驯鹿和其他动物来觅食。

北极熊（*Ursus maritimus*）

作为北极的象征，它们是食肉动物中体型最大的。它们的身体呈流线型，具有超常的体力和耐力，雄性的体重可达雌性的两倍。在冰上行走时，长长的体毛甚至能为它们的脚掌保暖。此外，游泳时，厚厚的脂肪层保护着它们不受寒。北极熊能听到1米厚的冰面下猎物的动静，能嗅到5千米外搁浅的鲸鱼躯体发出的气味。它们的主要猎物是海豹。雌性北极熊在雪里挖成的兽穴中哺育幼仔。北极冰量的减少会极大地限制它们获取食物的可能性。

夏季的迁徙

在冻原夏季的日照每天持续24小时，为植物的生长创造了有利条件，而植物又吸引了大雁（它们用嘴将植物拔起）、涉禽（啄食蠕虫和昆虫）和别的鸟类在沿岸的水中觅食。同样的现象也出现在海洋中，很多蓝鲸来到这里，以浮出的浮游生物为食。

麝香牛（*Ovibos moschatus*）

这种动物的名称来自交配季节时雄牛发出的强烈气味。它有两层皮毛，外层皮毛的毛让雨雪滑下，而内层皮毛的细毛有很好的绝缘保暖功能。麝香牛的种群数在有些地方很低，但通过再引进项目正在恢复。

伪装

冻原上没有任何树木，使伪装成了一种很有价值的适应手段。在这种地貌上，伪装常常是动物寻求保护的唯一可行方式，也是攻击猎物时的一种优势。冬夏之间的地貌极为不同，北极狐会随地貌改变自身颜色，夏天它的毛色呈泛灰的棕色，入秋后就渐渐变白了。

1 600千米

这是地球的地磁北极与地理北极之间的大致距离。

北极狐（*Alopex lagopus*）

这种小型狐狸雪白、厚厚的皮毛在冬季的冰雪背景中是很好的伪装。在夏季，它的毛量会减少一半，变成灰色或泛灰的棕色。北极狐将它的巢穴建成一套庞杂的地道系统，地道是它逃避危险、养育后代的地方。幼仔出生时机的选择与可获得的食物量密切相关。

冻原与北极之间的区域

北极地区是从北极延伸到泰加林带之间的地区。冬季，冰层覆盖着北冰洋，形成了很多动物难以忍受的生存条件，于是这些动物向南迁徙到冻原地区，那里有可以食用的植被。但是到了夏季，海岸沿线的冰就开始融化，促使海洋浮游生物迅速繁殖，突然增加的食物来源吸引了很多海洋动物，如白鲸、独角鲸、虎鲸、海豹、虾、鲱鱼、鳕鱼、鲽鱼等。

冻原

冬季，环绕北冰洋的陆地基本上没有生命的迹象，极少有动植物能在此越冬。但是随着夏季的到来，冰雪融化，冻原因为植物（苔藓、地衣、藻类和很多灌木丛）的生长而充满生机，很多开花植物也很茂盛。驯鹿、北极熊、狼獾和白头雕等动物随后就会到来。融化的冰形成了水荡，滋生了蚊子等昆虫，它们成了候鸟的食物来源。地面下被地衣和苔藓覆盖着的是隐藏的冰层，被称为永冻层，终年凝固不化。

白鲸（*Delphinapterus leucas*）这种白色的鲸爱“唱歌”，喜欢群居。它们出生时是灰色的，10岁以前并不具有代表它们特征的白色。它们缓慢地游动，在交配季节，能聚集成数千头鲸的大集团。

竖琴海豹（*Phoca groenlandica*）

环斑海豹（*Pusa hispida*）这是北极最常见的海豹，它体型较小，身上有圆斑，能生活在水中，但更喜欢爬上浮冰。一旦爬上浮冰，它会挖出一个带透气孔、有锥形入口、直通入水里的巢穴，这个建筑能保护它不受恶劣气候和天敌的伤害。它是北极熊最喜欢的猎物。

北极

一年中的大多数时间，北极都覆盖着一层厚厚的冰雪，这种条件迫使这个地区的绝大多数动物（如驯鹿等）迁徙到冻原地区觅食，也有些动物（如北极熊）仍留在原地。这些动物在雪里挖出兽穴，越过冰面捕猎。北极熊喜欢的猎物是海豹，它们游到表面通过冰里的气孔或裂隙呼吸。夏季，有些冰会融化，阳光促使大洋里原有的浮游生物大量繁殖，这吸引着大量的海洋动物（鱼、鱿鱼和各种鲸）鸟类（红翻石鹬、黑腹滨鹬、黑雁、海鹦、海鸥等）也会来这里享受盛宴。

独角鲸（*Monodon monoceros*）它最引人注意的特征是螺旋状的长牙，这种长牙唤起了人类对独角兽角的想象。在交配季节，据说这牙被用来与其他雄鲸争斗。

虎鲸（*Orcinus orca*）它的液压动力双颚和5厘米长的牙齿使它成为世界上最庞大的暖血猎食者。

在极端条件下生存

总体而言，低温降低了化学反应速度，减缓了新陈代谢。但是北极动物成功地适应了这种气候，顽强地生存着。除了厚厚的皮毛，海洋哺乳动物还用其他手段将热量损失降到最低，例如，它们都受到一层厚厚的皮下脂肪的保护，北极熊体内的脂肪厚度达到了16厘米，而格林兰鲸皮下的脂肪则厚达70厘米。鸟类则靠紧密的羽毛提供绝缘保暖。比如，雪鸮在气温低于-50℃时，它的羽毛“外套”仍然能够帮助身体把体温维持在38℃~40℃。此外，很多昆虫的身体组织中含有甘油，这能起到防冻剂的作用。

抹香鲸（*Physeter catodon*）这一物种有着不会被认错的方形头颅，体内有着被称为鲸蜡的油质沉积，它的作用似乎是控制鲸的浮力，并帮助它用高频声波定向，来探测猎物。它可以下潜3 000米捕食巨型乌贼。

水中的生命

从上往下看，水就是水，然而一旦进入水中，就像在陆地上看到丰富的生物多样性一样，我们会发现水中存在多种不同的环境和生态系统。

我们将探索珊瑚礁，它就像陆地上的雨林一样，是重要的生物多样性地带。我们将投入大海广阔的怀抱，游览大洋深处充满奇异生物和

斑斓的珊瑚

由于珊瑚礁巨大的生物多样性，它们就相当于陆地上的雨林。然而，不断升高的海洋温度正在影响着它们的整体健康状况。

深海怪物的神秘海沟。我们将了解世界上最丰富、最复杂的环境之一——江河的入海口；河流的淡水与海洋的咸水在这里汇合，创造了生命大爆炸。随后，河流、湖泊以及潟湖将向我们展示它们独特的水下世界。●

水生生态系统

水对生命至关重要。无论是海洋还是淡水，这类生态系统覆盖着地球表面的很大部分。海洋容纳了13.5亿多立方千米的水，水中所含的盐，如果用来覆盖欧洲，堆积的高度可达到5 000米。这些大洋就像巨大的锅炉，把来自太阳的热散布到全球。而淡水生态系统则是饮用、家用和灌溉的水源。

淡水

淡水生态系统中的盐分很低，一般低于1%，它们支撑着700个物种的鱼类、1 200个物种的两栖动物和各种软体动物与昆虫的生存。随着水中化学成分和氧气的含量、水流强弱以及周期性干旱出现的时间等因素变化，水中的动植物种类也会变化。淡水生态系统可以分为两个主要类型：静水生态系统（如湖泊、池塘和湿地等）和流动水生态系统（如河流与溪水）。

被淹没的表面

海洋的平均深度为3 795米，最深的地点是马里亚纳海沟的挑战者深沟，它低于海平面11 034米，这个深度超过了地球表面最高的山峰——珠穆朗玛峰，这座山峰海拔高度为8 850米。

最深的深度：
马里亚纳海沟（挑战者深沟）
11 034米

整个地球表面的平均海拔高度为：
2 400米

最高点：
珠穆朗玛峰
8 850米

水的循环

水以降水的方式进入一个地区，然后通过蒸发返回大气层中。有些水渗入地下，剩下的流入江河等水体。

1 蒸发和凝结
上升的空气冷却，水蒸气凝结形成云。

2 降水
随着空气继续凝结，形成小水滴和雪花。

3 循环与回归大海
落下的雨水形成湖泊和流入海洋的江河。

海岸线

有现成的、比大洋里种类丰富得多的各种食物的支持，陆地和海洋的交汇处产生了独特的生物多样性。由于海洋波浪、携带着沙与砾石的海岸激流和潮汐等的侵蚀，海岸的物理特征在不断变化。低潮时，生物体做出调整以免脱水，例如海葵缩回触手，看上去只是凝胶态突起而已。有的海岸线有珊瑚礁，以它不同寻常的形状和颜色引人注意。虽然沙、泥或砾石海滩比礁石海岸生态资源少一些，但那里常常是动物筑巢和躲避天敌的地方。

永恒的运动

大约2.7亿年前，地球的陆地表面是连在一起的单一的大陆——盘古大陆，周围有水环绕着。它后来分裂成几个地球板块，随着这些板块慢慢漂移，它们逐渐重组了大陆和海洋。不断活动的板块之间的很多边界，沿着大洋地面延伸。沿着两个板块之间的边界，板块可能会因移动而相互分离（如在海洋中的断裂区，此处涌出的岩浆形成新的海洋地壳），也可能相互接近（如海沟处，此处一个板块沉到另一板块之下），或沿着另一板块相对滑动。

海盐的本质

海洋里的盐由钠、氯、硫、镁、钾和钙等各种离子（即带电的粒子）的混合物组成，有的离子带正电荷，有的带负电荷。有的盐离子来自河川，它们把岩石里溶解了的盐带到了海洋，有的来自大洋底床的热液出口，还有的盐离子来自被风搬运的火山灰。不同的自然过程会把各种盐离子的一部分搬运出海洋，但是最常见的离子都以溶解形式留在海洋里，这些离子可以呆在海洋里数世纪或成百万年。

盐水

海洋的平均盐分大约是每千份35单位，但是这个值在海洋表面的变化相当大。诸如降雨和河流等水源的注入会降低海洋的盐分，而诸如蒸发等抽取水分的过程则会提高盐分。海水的冰点取决于它的盐度，随着盐分的增加，水的冰点会下降。海洋中水的咸味是水中含有大量氯化物的缘故。

轻松的漂浮

在封闭的海里，例如死海，水非常咸，密度很大，要想沉入水里极为困难。

不同种类的盐

海洋生态系统的水除了含有氯化钠外，还含有其他盐，如硫酸盐以及镁、钙和钾等按一定比例形成的氯化物。

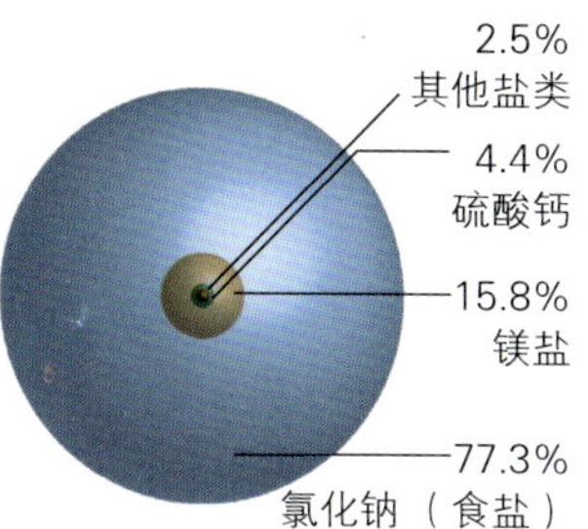

水压

每下潜10米，水压增加1巴，这对水下科学考察人员形成了挑战，他们上升时，必须经历缓慢的减压过程。

海平面
1个大气压
10米
2个大气压
20米
3个大气压

大洋

有的生物生活在水面上，或潜在水面很浅的区域，这里有着最佳的光照和温度条件。这些生物被称为漂浮生物。水面下的海洋被分为四个区域：透光区、无光区、深海区和超深海区，每一个区对应着相应程度的光线与温度，而这些光线与温度能决定我们所观察到的动物的某种特定的适应性。最困难的生存条件是在无透光区和深海区，因为这里的食物变得稀少。此外在这些区域生存的生物还需要将液体保持在体内以防被压扁。在低于6 000米深度的地区，那里的海沟中有热液出口，那里生活着能承受周围高水压的奇怪鱼类。

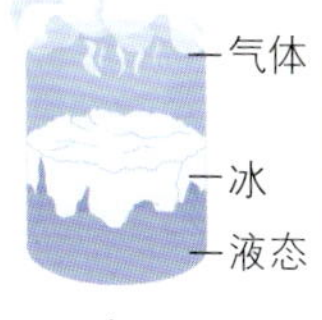

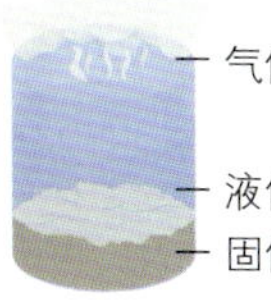

密度

与人们通常想象的相反，液态水比冰（固态水）的密度大，而水蒸气（气体）的密度要小一些。

海 洋

大约40亿年前，从大洋形成时起，它就成为了世界上最大的连续性栖息地。大洋底面崎岖的地貌包括广袤平原、崇山峻岭、喷发的火山以及超过10千米深的海沟。大洋不是一成不变的，压力、溶解的氧含量、光照质量和亮度等，都会随着地点和季节的变化而变化。海洋生命既能在水面被发现，也能在研究人员正继续探索的最深水体中发现。

洋流

大洋的水流受风和水密度变化的推动，产生波浪、潮汐和巨大的洋流。此外，海水也受到海岸、海床轮廓和地球转动的影响改变流向。洋流影响着海岸线的气候、自然地貌和野生生物，它们把暖流从赤道地区携带到南北极。没有这些洋流，地球的南北极会更寒冷，而热带则会更炎热。两种基本类型的洋流是表面洋流与深海洋流。洋流也可以依据温度或其他物理特征（如潮汐、波浪、浑浊度或密度等）进一步分类。

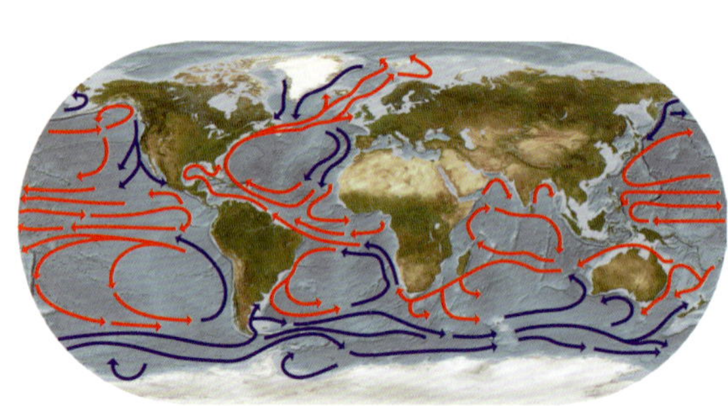

暖流 → 寒流 →

海面洋流
它因风而生，只能影响到海洋水体的10%。它们对气候有重要的影响：将热带的高热转移到较冷的地区。海面洋流可以宽达80千米以上，温度介于-2~30℃。它们一般沿着环形轨迹移动。海面洋流在北半球按顺时针方向流动，在南半球按逆时针方向流动。

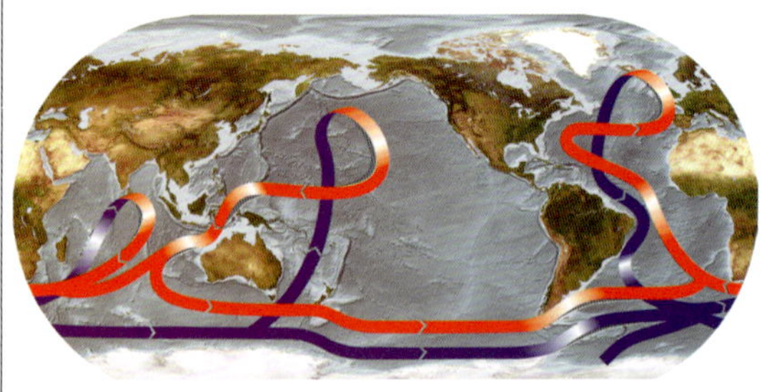

暖流 → 寒流 →

深海洋流
深海洋流是由温盐环流推动的，这种环流是水温和盐浓度（咸度）变化推动的。较冷较咸的水密度更大，随着它下沉，被密度低、温度高的水置换。温盐环流绕着地球循环，是维持地球气候的重要因素。

大陆架
从大陆沿岸在水下向外延伸。

热液喷口

这种热液喷口，可达60米高，它们是从大洋底面火山区的裂隙喷发出一股极烫的水射流。这里深度的压力阻止了水的沸腾，但是喷出的水射流能以强大的力量向上喷涌；围绕着喷口则会形成硫和其他矿物的积淀。这种过程供养了一个丰富而罕见的生物群落，包括细菌、管虫、蹲踞龙虾、胎生性鲇鱼、无眼蟹、蛤、贻贝和与水母有亲缘关系的奇怪生物——管水母目动物（*Siphonophores*）。

发现
第一批水下或"黑烟客"喷口是1977年在加拉帕戈斯群岛发现的，后来，沿着东太平洋、中部大西洋和东北太平洋的大洋中脊也发现了其他喷口。

水下探索
随着载人深潜器"阿尔文号"（深度4 500米）和"新海号"（深度6 500米）的深潜探索，未来的深海航行深潜器将配备倒翼，以实现快速下潜。

化学合成作用
巨大的管虫得到居住在体内的细菌菌落供养，这些细菌从包含硫化氢的化学反应中为管虫生产食物。

海底地貌

有的高山存在于陆上，但是其他的则出现在海底。此外，大陆架以外深度4 000~6 000米的海底，横亘着大片平坦的地区，称为深海平原，上面覆盖着沉积物。大洋中脊横贯这些平原。这类山脊出现在板块的边界，基本上是由板块间的间隙涌出的岩浆形成的巨大山脉。在海床的其他地方，一个板块插入另一板块之下时，会出现深达10千米的海沟。

光线和声音

虽然海洋的水在某种程度上是透明的，但在晴朗的白天看起来却是蓝色的。光线在水中传播时，蓝色和绿色光波被反射，可见光谱里的其他光波则被吸收了。声音在水下比在空气中传播得更快更远，这个特性对鲸类动物（如海豚和鲸鱼）极为有用，因为它们依靠发出的声音来相互联络。

吸收

海洋中，阳光中的红色和橙色光波在距水面以下约15米就被吸收了，剩下的大多数波长的光线在随后的40米范围内也被吸收尽。

海底山

从山脚起，耸立着高度达1 000米以上的水下高山。山顶平坦的这种海下山被称为“海底平顶山”。

深海平原

位于大陆架与海下山脉之间

大洋中脊

两个地球板块分离的地方会形成这种山脊。

海沟

这些深而狭窄的山谷形成一个“倒八”字形，海沟的形成是俯冲消减作用（地球板块撞击时，一个板块插入另一板块之下的过程）的结果。在海洋中脊处，这个过程与海床扩展共同作用。海沟深度超出周围海床2 000~4 000米，形成大洋的超深海区。尽管这个区域水压极大，温度极低，却生活着大量古怪的有机体，这一群落包括海参、海葵、甲壳纲动物和某些软体动物。大多数海沟是在太平洋海床的各板块边界发现的。印度洋和大西洋也有一些较小的海沟。

海沟

1960年，深潜器“蒂里雅斯特号”载着科学家雅克·皮卡德和唐纳德·沃尔什，在太平洋马里亚纳海沟下潜至10 916米。“蒂里雅斯特号”保持着下潜深度之最的记录。

海洋中的生命

第一个海洋物种在10亿多年前就出现了。从那以后，海洋中的生命变得越来越复杂。今天，它是一个多样化的环境。海洋可以按其地理平面划分为不同区域，分别对应于极地、温带和热带生态系统，也可按不同深度纵向划分为各区或层，最深的一层为超深海区，最为神秘莫测。海洋的某些部分具有其特有的或地域性的物种。

地理区域

海洋群落分布不是一成不变的，根据横向模式可被纳入极地、温带和热带生态系统。气候和食物是决定群落在哪里生存以及生物多样性程度的主要因素。虽然在所有深度都有生命，但大多数生命都在水压、温度和亮度有利的区域出现。具有不同温度和盐度特征的水团边界形成一道屏障，它的影响就像地球表面的高山的影响一样强。但是，低于一定的深度后，这些屏障就逐渐消失了，各种条件更稳定、更一致，所以生活在深海区的生物体分布就非常广。

温度变化

全球变暖是影响很多物种分布的一种现象，例如，在寒冷海洋区域现在就发现了暖水鱼类。

赤道附近　亚热带　极地与亚极区
热带　温带

地域性物种

其他地方没有发现这些物种，仅仅在特定地理区域内生存，例如密斑刺鲀（*Diodon hystrix*）就是西大西洋热带水域的地域性鱼种。

水下探索

现代技术允许载人和遥控深潜器在很深的海下进行详细研究。2006年，中国大洋矿产资源研究开发协会（COMRA）开始试验能够下潜7 000米的载人深潜器。随着技术的改进，下一代深潜器将不再依赖压舱与上浮槽罐。美国工程师格雷厄姆·霍克斯设计的深航2号将用反向翼来产生“负举力”实现快速下潜。

蒂里雅斯特号

美国的“蒂里雅斯特号”深潜器在太平洋马里亚纳海沟的挑战者深沟下潜到了10 916米的深度。迄今它仍然保持着这一纪录。

海洋区域

1

透光区

由于阳光能透入这一区域，在此可以进行光合作用。这是大洋最温暖、养分最丰富的一层，构成大洋食物链基础的植物性浮游生物都生活在这儿。这一层的深度是变化不定的，它取决于水的浑浊度。

2

半透光区

延伸至500米深处，这个区域也称为半影区。白天这儿有足够的光，让动物能看得见。也是天敌和猎物永恒斗争的场所。

生物光

称为冷光，是由某些有机体内被称为荧光细胞的特殊细胞进行的化学反应而产生的。产生的光一般为泛绿的蓝光，能作为某种通讯方式吸引潜在的配偶或吓退其他生物体，还可作为逃避敌害的伪装。在深海鱼类、乌贼、细菌和水母中这种特点很普遍，在陆生有机体如萤火虫中也会发现这种特点。

静态水压
水柱的重量，随水的密度和深度而变化。下潜时，静态水压迅速增加。

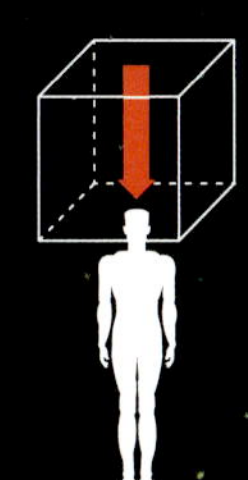

发光的诱饵
这种光会把猎物引向深海中的天敌。

3 无光区

这个区域可在水下200~4 000米，取决于一年中的相应时段和水的浑浊度。由于光线太少，不足以进行光合作用，食物短缺成为生活在这一深度的动物的主要问题。

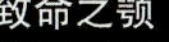

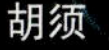

致命之颚
这种武器帮助这个猎手在水下1 000米处得以生存。

胡须
这种结构也能发出光来吸引猎物。

4 深海

位于3 000~6 000米，这个区域的特点是寒冷、养分稀缺并且绝对黑暗。有些生活在这里的动物体积庞大，还有些长相十分诡异。

深海渔夫
树须鱼
（*Linophryne arborifera*）
有一个发亮的诱饵附着在它的头部与一条分离的胡须上，胡须也能发出光来吸引猎物。雄性比雌性小，它作为寄生物依靠雌性生存。

5 超深海区

这个非常寒冷、静态水压很高的区域在6 000米深及以下。它让人想起所占面积不足海床总面积的2%的深海海沟。

在黑暗中
少数物种的鱼类生活在2 500米以下的深海，被称为深海鱼类。它们脸部特征怪异，如大头、利齿和在黑暗中闪烁着的光环。

海岸线

大海与陆地交汇的地方，沿着礁石或沙滩的海岸，潮水运动清楚地划定了拥有丰富野生动物的栖息地。某些区域在高潮位时会被水淹没，退潮后会暴露在空气中，生活在这种环境的生物体必须适应水里和水外的生活。虽然潮汐地带各不相同，海岸总是分成三个区域：潮上带、潮间带与潮下带。

潮上带
三个区域中，它距离潮头冲刷范围最远，一般不会被淹没，但会受到海盐的影响。每隔15天的大潮期间，它可能被水淹没。

潮间带
这片过渡区会交替地被水淹没或暴露在空气中。

求生本能
礁湖里的鱼伪装很好，为躲避抓捕游得极快。海星有不同寻常的能力，它可以使失去的触臂再生。

潮下带
这部分海岸总处于水下，并逐步过渡到内大陆架。它的边界会变动，由平均潮高决定。居住在这里的大多数动物完全是海生动物，它们之中有些会离开海洋繁殖。

海岸线上的生命

潮水决定着海岸动物的生活，大多数动物体内有生物钟，能够更好地适应潮水的节奏，预知与潮水相关的事件，例如低潮时，螃蟹会出来觅食。藻类的丝状物附着在礁石上，以防被冲入大海，海星和海胆用成百条充满流体的触脚慢慢爬过礁石表面。生命体能够保护自身远离天敌的一种做法是将自己藏在沙子里。蛤蜊埋在沙里时会有个管状部分伸到沙子表面。另一种在沙子中常见的物种——沙蚕，住在有小孔的地下穴内，海水灌入洞穴后，它们的粪便就像挤出的牙膏一样，从这些孔中排出。

食物

在海岸线发现的食物种类的丰富程度远远超过了大洋里。

共生关系

这是在很多栖息地非常常见的关系，沿海岸地区特别明显。如生活在珊瑚等动物体内的微生物藻类虫黄藻，可以在沿岸的水体中发现。它们通过光合作用为珊瑚制造养分，作为回报，它们可以得到保护。蛤蜊也靠这些藻类生产的养分为生，而藻类就在蛤蜊的厚壳边沿上生长。

胶结作用

由流水携带的沉积物颗粒结合转变为沉积岩的过程。水蒸发或凉下来以后，溶解的矿物会沉淀。沉淀的物质会堆积并与其他沉积物结合，或者自身形成岩石。沙岩就是通过胶结作用形成岩石的一个例子。

岩石区潮水潭

由潮水的运动形成的湾湖，面积通常较小，但也有又大又深的，像是海洋的微缩版，那里是大量各种各样的微生物、光合植物和鱼类的家园。湾湖中的鱼一般不大，它们敏捷、善于伪装。寄居蟹（在已死的软体动物空壳内藏身）和危险的海葵（隐藏着致命的麻痹性触脚）、水母、海星和贻贝等也常常能在岩石区潮水潭里被发现。

珊瑚礁

珊瑚礁在地球上已经存在4.5亿年了，它们坐落于南、北回归线之间的热带浅而温暖的海洋下面。珊瑚礁是大海中名副其实的雨林，它们的生物多样性囊括了几乎三分之一的海洋物种。珊瑚礁主要是由珊瑚虫分泌的碳酸钙形成的岩石组成的固态结构。珊瑚礁内的很多有机体包含着很强的生物化学物质。

海葵（*Actinia*）
这种单体珊瑚螅虫有能伸缩、会蜇人的触脚，既可以自卫，又可以用来捕捉猎物。海葵属约有800多个物种，它们虽然能够沿着海床爬行，但是大多数都附着在礁石表面。

珊瑚礁的保护
珊瑚礁需要很多年才能长成形，至少需要20年才能长到足球那么大。全球变暖是珊瑚群落大面积退化的主要原因之一。其他威胁珊瑚礁的因素包括旅游业和污染。

强烈的毒性
尽管体型很小（不足20厘米），这种章鱼却能够杀死一个成年人。它在水中释放毒性极强的唾液来麻醉、捕捉猎物，或者通过致命的撕咬将毒汁注入猎物体内。受到惊扰时，其皮肤上的彩虹环斑闪烁得更亮。它是最危险的头足纲动物。

连续堡礁
这种堡礁被盐水潟湖与海岸分隔开，由分泌坚硬的碳酸钙骨架的珊瑚虫群落组成，随着珊瑚虫分群，群落越增长，珊瑚礁就越大。

蓝圈章鱼
（*Hapalochlaena maculosa*）

珊瑚礁的类型

全世界的海洋中大约有60万平方千米的珊瑚礁。1842年，由达尔文最早将它们分类，他描述了三种主要的珊瑚礁类型：裙礁或海岸珊瑚礁，生长在大陆架上的海岸线附近的浅水水域里，它们养育着最复杂的水生态系统；堡礁，如澳大利亚的大堡礁，被可能会变得又宽又深的浅盐水潟湖与大陆分隔开；环礁，如塔希提环礁岛，呈环状，它们中心环绕着一片深水潟湖，湖中的海洋生命就像珊瑚礁本身一样丰富。环礁起源于环绕着火山岛外围的边缘珊瑚礁，后来，由于海平面上升，或者由于火山岛自身下沉，火山被淹没了，珊瑚礁继续生长，直到只有环礁得以留存下来。环礁通常都远离大陆。

珊瑚礁里的生命

除了珊瑚虫外，珊瑚礁里居住着大量色彩缤纷的物种（如鱼、海龟、海星、蛞蝓、海螺、章鱼、海绵、管虫、海胆、海葵等）。这些栖息者建立了一套复杂的联系网，很多动物能共同生存而不会为同一猎物竞争。珊瑚礁有无数的隐蔽地能让天敌和猎物用作藏身之所。珊瑚礁的每一食物源都通过食物链来循环，食物链从生活在珊瑚虫中的微小单细胞藻类开始，藻类还帮助生产构建珊瑚礁所需的石灰质。

堡礁

法属波利尼西亚社会群岛的博拉博拉岛的堡礁

共生现象

这是紧密地生活在一起的不同生物体之间的一种关系。特别值得一提的是互惠关系，在这种共生现象中，共同生存的两种生物体都会受益。虽然能在所有栖息地发现，但共生现象在海洋的沿岸区域特别普遍。珊瑚礁中常见的共生例子是小丑鱼，它生活在大海葵的触脚之间，身上的一层黏液保护它不受海葵蜇刺细胞的叮咬。海葵的蛰刺触脚可保护小丑鱼免受天敌威胁，而小丑鱼则能吃掉汇集在海葵外表的有害物质。

致命毒刺

这种贪婪的猎食者实施攻击时用胸鳍的毒刺对猎物痛下杀手。它既吃小虾、螃蟹，也吃很大的鱼。

什么是珊瑚？

珊瑚是微生动物的骨架残骸，这些动物是直径小于5毫米的管状珊瑚虫，它们借助硬底吸盘附着在海底。每个珊瑚虫都有1个开口与1个胃腔连接，从这儿分泌出的碳酸钙物质将形成珊瑚礁。珊瑚有很多形状，有的像树、有的像蘑菇和花朵等。

狮子鱼（*Pterois volitans*）

小丑鱼（*Amphiprion ocellaris*）

桶状海绵（*Xestospongia testudinaria*）

黄管形海绵（*Aplysina fistularis*）

淡蓝管海绵（*Kallypilidion fascigera*）

淡水生态系统

虽然从海洋蒸发的大多数水蒸气冷凝降落为雨雪，然后又返回到大气层，但是大约三分之一的降水以陆地径流的形式回归大海。在陆地上，水帮助营造了各种各样的栖息地：河流、湖泊、池塘和湿地。生存在这些栖息地的动物需要与从激流到干旱的各种生存条件抗争。有些动物并非绝对的水栖，它们在陆地和水中轮流生活。这些动物到水中捕猎、繁殖或保护幼仔。

上游河道
山地崎岖，河道很陡，每千米落差至少为4~5米。湍急的河水流动迅速，流速常常达到0.5米/秒以上，这会形成湍流和瀑布。这些地方往往人烟稀少。

市区
主要河流的河口一般都是都市或工业中心的所在地。

中游河道
这里地势变缓，水的流速及其冲刷侵蚀力都减弱了。河道变宽了，水里携带着上游侵蚀产生的物质。在河流的静态水潭中生活着螺蛳、水蛭、蜻蜓和蚊子等。这里的大多数鱼类都是食草动物，包括水草鱼和蝦虎鱼等。

下游河道
陆地相当平坦，河水流动平缓，河道蜿蜒，形成了大的河湾。河道靠近河口处很宽，这里人类活动带来的影响很重要。

河流与湖泊

河流形成了水循环的一部分，来自降雨或融雪的水沿河流从较高海拔流入湖泊、池塘或海洋。河水在河道中不断流淌，河道可分为3个主要部分，即上游、中游和下游河道。河水流动过程中，河流会携裹着各种物质而引起侵蚀。一段河流可能会有几种类型的水流，可能会流过不同的土壤。河流的动态特征与静态的湖水形成鲜明的对照。最后，湖泊会被沉积物填塞而消失。虽然地球板块运动和火山喷发会形成灌满水的盆地进而形成湖泊，但很多湖泊的起源与冰川运动有关。

棕熊
（*Ursus arctos*）

水中捕猎
沿岸的棕熊种群会数小时地呆在浅水河道里等待，用它们的大掌捕捉蛋白质丰富的鲑鱼。鲑鱼每年都会溯流而上产卵。

迁徙

河流和湖泊接纳能够在淡水与咸水中轮流生活的迁徙性鱼类。这些鱼类中的大多数会在不同栖息地间迁徙，以便繁殖。例如鲑鱼会离开海洋到更安全的河流栖息地进行繁殖，哪怕需要穿过一片大洋，游动2500千米。但是，河流中食物的匮乏又会迫使鲑鱼鱼苗沿河而下，回归大海。依靠发达的嗅觉，海洋里的鲑鱼准确地记得它们的孵化之地，能回到特定的地点产仔。相反，淡水鳗鱼游到海里以便繁殖，途中，鳗鱼有时滑过开阔地以避开激流和瀑布。鳗鱼能通过皮肤进行有限的呼吸。

热带河流沿岸

亚马孙河沿岸生活着雨林动物，包括体型虽小却令人恐怖的捕食性动物，如水虎鱼（食肉鱼类，有锋利的刀状牙齿，能在数分钟内撕光一头貘），还有水蟒（世界上最长的蛇，能将猎物囫囵吞下）以及能跳出水中的金龙鱼（能跳几乎1米高，以捕食栖息在河岸旁浓荫里的昆虫）。其他物种包括猴子（如蜘蛛猴和赤吼猴）、鹿和水豚（一种半水栖的啮齿动物），很多鸟类（如绿啄犀鸟、麝雉、朱鹮、鶚鹫）也出现在这里。

共享空间

朱鹮能用长弧形的喙，挖入泥土里觅食，它的食物包括软体动物、昆虫、鱼、两栖动物、种子、果实和甲壳纲动物。通过吃甲壳类动物，如虾等，朱鹮有猩红的特征颜色。它与其他涉禽（如鹳和红篦鹭）共享进食地，可以更好地躲避天敌。

凯门鳄

凯门鳄是恐龙时代的孑遗生物，主要生活在中、南美洲，属于半水生动物。它紧贴水面下漂浮，等待捕捉岸上的猎物的机会，水面上露出的只是它们的眼睛和鼻孔，所以它们能在水中移动而不被发现。它们吃鱼、两栖动物、水鸟和其他爬行动物。

水虎鱼

这种鱼有强劲的双颚，长着犬牙交错的三角形利齿，能轻易地将猎物的肉撕下来。在背鳍与尾鳍之间，有一个小小的鳍称为脂鳍，它是用来贮存脂肪的。红腹水虎鱼因为凶猛、贪婪而著名。它们结群攻击，因此能够杀死比它通常所吃的大得多的猎物（它的一般食物由昆虫、水生无脊椎动物和其他的鱼类构成）。

淡水湿地

其定义是常年水深可达1米的陆地，湿地为小型哺乳动物、蛙类、爬行动物、昆虫与其他喜水物种提供了栖息地。湿地土壤含氧量低，经历着缓慢的分解过程，只有具备特别根系的植物才能在这种低氧条件下生存。厌氧菌（不利用氧气的细菌）的活动产生了甲烷和硫化氢，这对生物圈有重要的影响。湿地能支持各种植物生长，包括草、灯芯草、甚至高达35米的树木。在很多地方也生长着苔藓和藻类。湿地一般都是非常丰饶的生态系统，虽然某些湿地一年中也会有短暂的完全干涸期，但仍然可以为动物提供大量食物。

小湖泊和池塘

这些水体比湖泊小而且浅，深度从2米到30米不等。这种条件足以容纳主要由不同类型的水生植物与动物组成的丰富多样的栖息地，几种生物（如螺蛳、蛙类、蝾螈、鱼类、昆虫，甚至野鸭等）既能生活在水中，也能生活在水外。一天内水中溶解氧的量变化很大，水温随季节而变，这有助于决定动植物种类。夏季温度变化范围从水底的4℃到水面的22℃，冬季接近水底的温度能达到4℃，而水面只有0℃。在极度寒冷的地区，整个池塘可能完全冻结。

绿头鸭
（*Anas platyrhynchos*）
这种野鸭能够适应各种水生栖息地。进食时，它常常采取竖立的体位来获取水下的植物和无脊椎动物。

蛙卵囊
普通蛙类将卵产成一簇，恰好浮在水面下，这些卵簇会合后，会形成一个大卵囊。

湖蛙
（*Rana ridibunda*）
这是欧洲最大的蛙类，它的蛙鸣是欧洲所有两栖动物中最富于变化的。在春夏季节，无论白天黑夜，湖蛙都一起吟唱，而在交配季节的蛙鸣特别响亮。湖蛙在水中、水底的泥中或沿岸的洞穴里冬眠。它有相对较大的头，有力的后腿使它成为优秀的跳跃好手。这种蛙是可以食用的，在法式烹调中备受青睐。

4 000

这是一只雌蛙一次产下的卵数，卵簇外包裹着一层保护性凝胶状物。

透光区

不像湖泊的深度常常达30米以上，小水荡与池塘都很浅，阳光能够达到底层的所有地方，因此光合作用能够在各处进行。在这种栖息地，植物到处都能生长。从生态角度看，透光区的功能很关键。进行光合作用的生物（如蓝藻细菌和藻类）在透光区里将太阳的能量转换为有机物质，然后这些有机质被食物链中的其他生物吃掉。

苦草
（*Vallisneria spiralis*）

绿藻

这种能进行光合作用的有机体既非植物，也非动物，它们可以是单细胞的（如矽藻），也可以是多细胞的。绿藻在水生环境中构成最常见的物种，如水绵绿藻，看似成千的浅绿发状丝缠绕成一团。它们春天繁殖，能完全盖住水面，剥夺其他水中植物的阳光。多数种类的绿藻是在水底生长的（即附着在湖底），但也有悬浮在水中的浮游类藻。藻类生产食物时会释放出氧，因此会增加水中溶解氧的含量。它在夏季过度的疯长，会引起很多其他动植物的死亡。

白斑狗鱼
（*Esox lucius*）
这种贪食的投机性猎食者有浅色斑点做伪装，它独特的特征是有一个单独的背鳍。它利用在水面荡起的涟漪来接近猎物，也会在水下植物中埋伏，等待猎物。

水生植物

这种在栖息地出现的植物是非常重要的食物、氧的来源和栖身之地。大多数食物由构成食物链底层的小型有机体如团藻（一种绿藻）产生。大量不同的植物进一步划分为特定的区域。例如，两栖植物（如灯心草、芦苇、茨菰）与水生植物（苦草）生长在岸边。离岸再远的水中，就只生长着水生植物。漂浮植物，如浮萍和水蕨等，有短小无依附的根系，这些根系能直接从水中吸收养分，而不同于如伊乐藻等水下植物，这类水下植物将根系扎入水底的泥土中以获取养分。

红胁束带蛇

（*Thamnophis sirtalis parietalis*）

在冬季，由于低温和日照时间短，这种束带蛇需要冬眠。为了找到适合冬眠之地，它能游动4千米。冬眠时，它与成百条的其他蛇聚成一团，交配一般在此时进行，单个的蛇能够追踪性信息素而相互找到对方。这种蛇是食肉动物，会将猎物囫囵吞下。

浮游生物

在接近水面的区域，植物性浮游生物和动物性浮游生物共同形成食物链的基础。

湖泊的分区

阳光很快被水和微生物吸收。对光的吸收将湖分为两个水平层次（透光区与无光区）。这些层次的深度受光线和温度变化的影响。透光区进一步分为沿岸带和湖沼带。

水底区 湖泊的底部，这个区域覆盖着淤泥，成为分解的场所，诸如厌氧菌等生物在这里生长。

沿岸带 紧靠岸边，生长着生根和漂浮的植物。在这个区域有不同的动物，如蛇、昆虫、甲壳类动物、鱼与两栖动物。

湖沼带 离开岸边的开阔区。这个区域的特点是有丰富的浮游植物和以它们为食的小鱼。

无光区 阳光不能射入的水下区域，在这个区域里，有机体不能进行光合作用。但是，养分的矿物化能在这里发生。

淡水龟

不同于陆生龟，生活在淡水里的龟主要是食肉的。淡水龟还有其他明显的特征，如甲壳下皮革状的皮肤。

中华鳖

（*Pelodiscus sinensis*）

这种鳖用网状脚蹼游泳，由于有长而突出的拱状嘴和管状的鼻子，它可以在水面下呼吸。它在覆盖着沙或泥的水体底部休息，受到威胁时，它会狠狠地咬威胁者。

色彩斑斓的警告

蝾螈的醒目色彩能起到伪装或警告天敌的作用，绚丽的色彩常常表明该动物能产生有毒物质。

两栖动物在地球上已经存在了

3.4亿年。

东方蝾螈

（*Cynops orientalis*）

这种中华火蝾螈通过皮肤能分泌出毒性不大的毒素。作为宠物，它有市场需求。

人类与生物圈

人类是不平凡的生灵，在地球的历史上，人类是第一个能够通过自身活动引发全球性影响的物种。人类改变着大自然的平衡，然而，他们也是大自然的一部分。人类是如何影响生物圈的呢？在对待环境的问题上，人类暴露出人性较阴暗的一面。而另一方面，人类研究生命体

煤矿

采煤是世界上最危险的工作之一，爆炸、塌方、撞击、机械事故、设备安保故障以及煤尘污染等，都会对健康造成无法弥补的伤害。

的各种探索，以及他们想与地球上其他“居民”和谐共存的努力，都很令人鼓舞。在整个人类历史中，人们一直在关注环境保护，并为未来节约资源。自20世纪90年代以来，几项意义深远的国际环境公约和条约的实施已经取得了成效。●

人类活动的影响范围

在地球50亿年的历史中，人类仅仅存在于过去的10万年，这只是历史长河中的一瞬间。然而，人类的出现却在生物圈中引发了翻天覆地的巨变。有史以来，一个单一物种首次能够凌驾于其他所有物种之上，其所从事的活动影响着全球。这个物种甚至开发了足以摧毁这个星球上绝大多数生命的各种手段。这些史无前例的变化带来了严重的后果，其长期影响难以预测。

人口爆炸

直到18世纪，世界人口一直以平缓的速度逐步增长。然而，农业革命和工业革命使人类获得了新技术，这大大提高了人类对资源的利用效率。新技术以及医学的进步，导致了人口呈指数式增长。

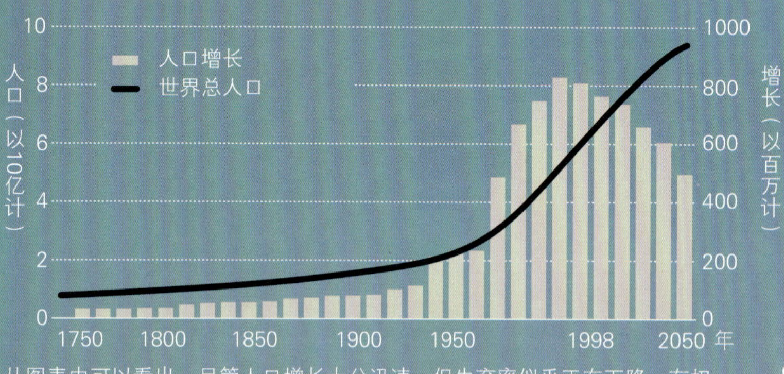

从图表中可以看出，尽管人口增长十分迅速，但生育率似乎正在下降。有权威人士预测，在2100年前后，世界人口将会达到稳定状态，到达这一平衡点时整个地球上的人口将达到大约105亿。

6 300亿

如果人口继续按照18世纪以来的速度递增，那么这就是到2060年时生活在地球上的人口总数。这意味着地球上每个人能够得到的生存空间将不足3平方厘米。

深远的影响

许多人类活动的影响并不局限在有限的区域内。与其他物种不同，人类活动的影响在全球范围内都有据可查。

热岛效应

在过去的几个世纪里，工业废气的排放、有毒物质的泄漏以及除草剂和化肥的施用，给空气、水和土壤带来了大量的污染物。在某些情况下，它们对地球的动物和植物群落造成了严重的伤害与破坏。

自公元1年至2005年间温室气体的聚集浓度

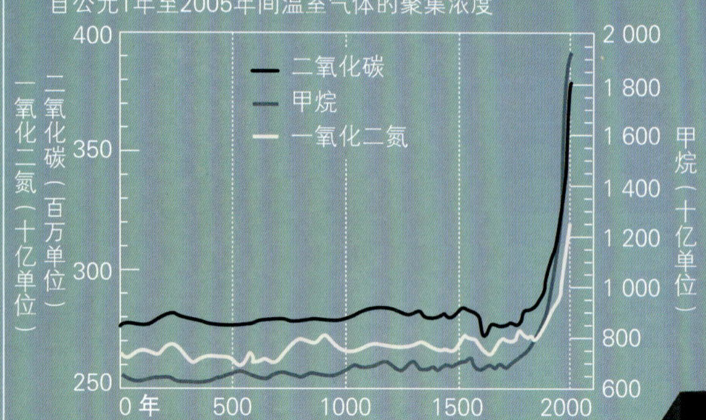

7 000平方千米

这是2007年8月至12月的短短几个月中，亚马孙热带雨林消失的森林面积。这个数字引起了对肆意砍伐地球“绿肺”的严重忧虑与关注。

93%

这是马达加斯加已被砍伐的温带森林所占的比例，该国是世界上受乱砍滥伐侵蚀最严重的国家（该国66%的热带雨林也遭遇了同样命运）。

35%

这是全球沙漠占陆地总面积的百分比。

荒漠化

对森林的肆意砍伐、人口的快速增长和集约化农业已经把曾经肥沃的地区变成了沙漠。图中所示的红色区域是最易受荒漠化侵蚀的地区。

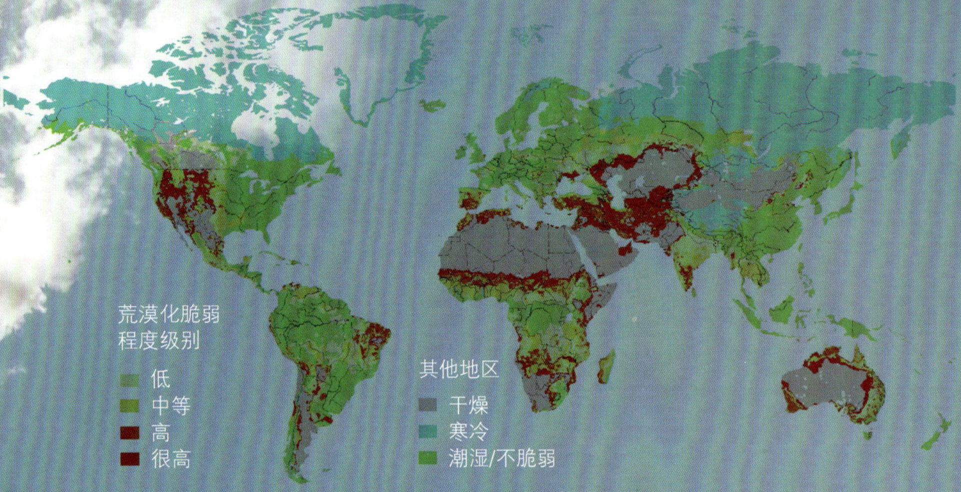

荒漠化脆弱程度级别

- 低
- 中等
- 高
- 很高

其他地区

- 干燥
- 寒冷
- 潮湿/不脆弱

生物多样性的消失

在某些情况下，对物种的过度开发导致它们濒临灭绝。在其他情况下，栖息地的消失则导致了物种的消亡。

酸雨

工业废气，尤其是含有硫和氮的工业废气的排放，导致了酸雨和其他含有污染物的降水形式的产生，这对生态系统，特别是北半球的生态系统，具有深远的影响。

气候变化

地球的地表平均气温正在不断升高。研究人员在继续调查人类活动所产生的二氧化碳对这种增温的影响程度。

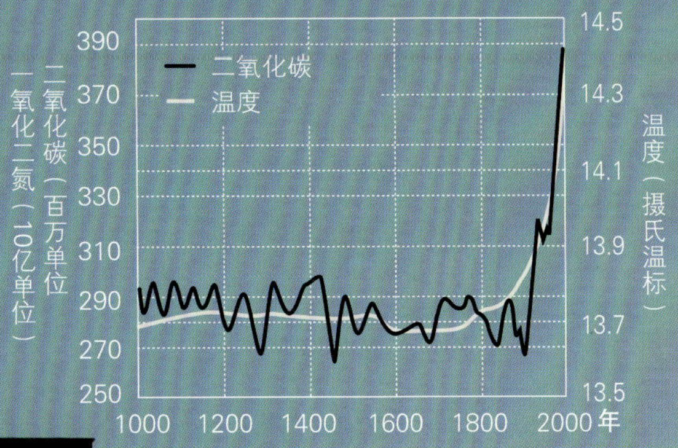

二氧化碳（百万单位）
一氧化二氮（10亿单位）
二氧化碳
温度
390 370 350 330 310 290 270 250
14.5 14.3 14.1 13.9 13.7 13.5
温度（摄氏温标）
1000 1200 1400 1600 1800 2000年

臭氧层空洞

大气中保护地球表面免受入射的大量紫外线有害辐射的臭氧层正在逐年变薄，这可能是人类活动带来的恶果。

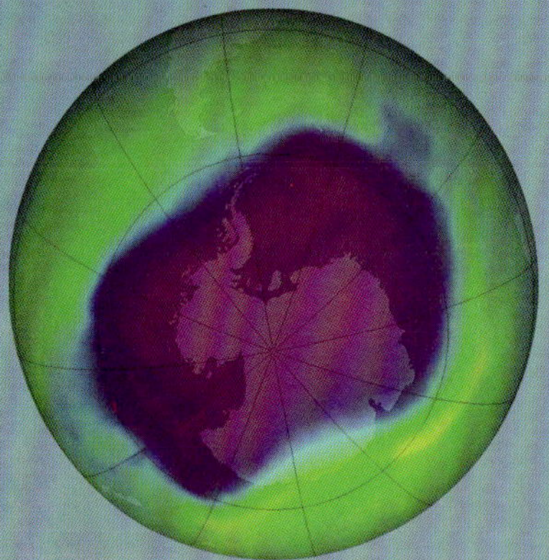

都市生态系统

都市中成千上万乃至数百万人的共同生活，高度密集的道路和建筑，都引起了地貌的重大改变。都市地区甚至能改变局部地区的气候。但是都市的出现并不意味着动植物的消失，虽然有些本地动植物可能完全灭绝，其他物种却努力适应都市区的环境，它们常常是那些不可能离开人们生存的物种。

都市小气候

因为大量密集的混凝土建筑，城市小气候具有自己的特征。都市区域经常缺乏绿色空间，它的小气候受到工厂、汽车排放的废气以及人类工业的其他副产物（如污染）的影响。

混凝土的世界

混凝土和被污染的城市空气为某些物种提供了理想的条件，但是，其他物种在这种非自然的环境中只能相对成功地存活。某些物种（如老鼠和蟑螂）对城市生活极为适应，且极为令人讨厌。

热岛效应

大城市的平均温度高于周围地区1.5℃。夜里温度下降时，路面和建筑物的混凝土辐射出部分白天吸收的热量，城市与周围地区的这种温差可达到5℃。

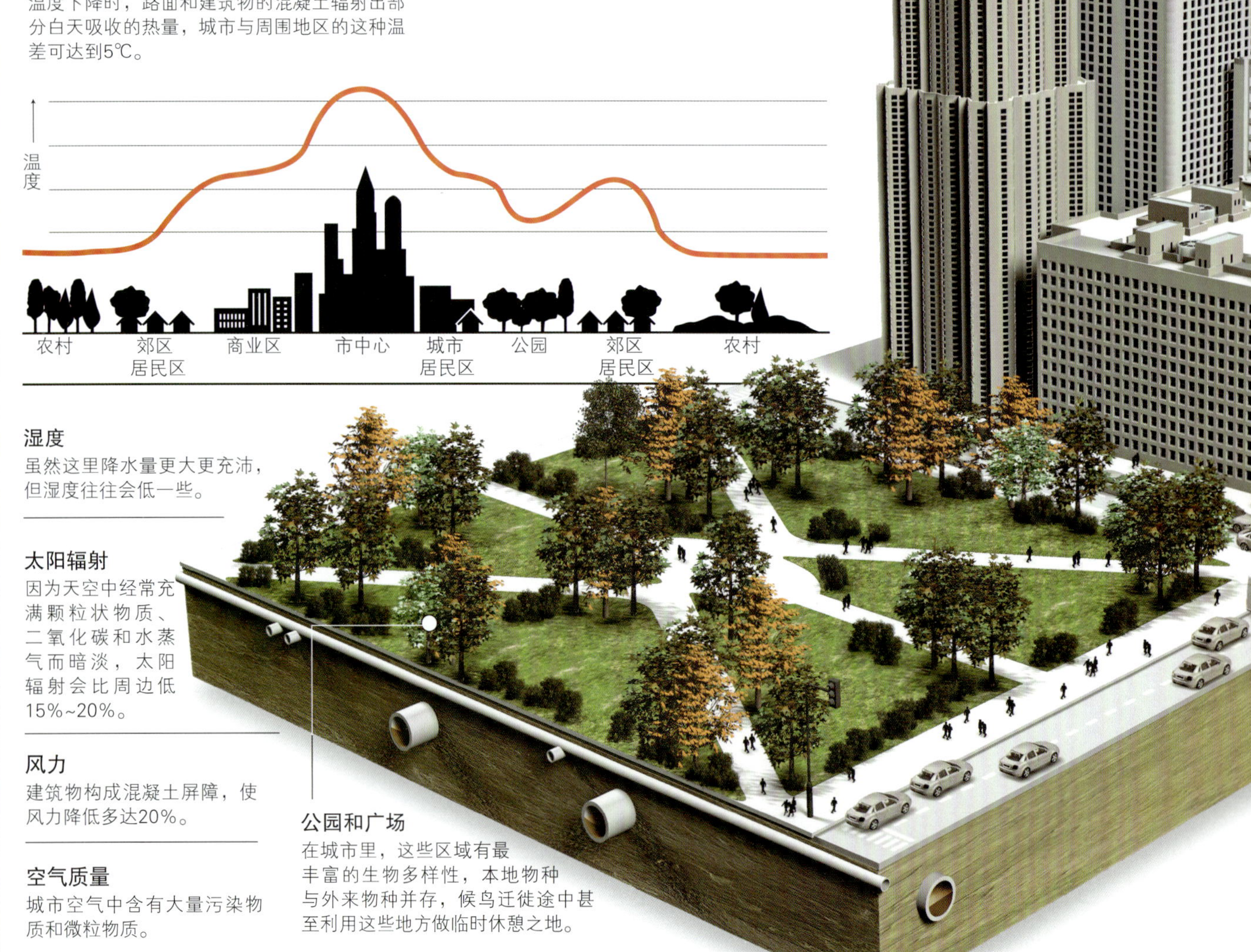

湿度

虽然这里降水量更大更充沛，但湿度往往会低一些。

太阳辐射

因为天空中经常充满颗粒状物质、二氧化碳和水蒸气而暗淡，太阳辐射会比周边低15%~20%。

风力

建筑物构成混凝土屏障，使风力降低多达20%。

空气质量

城市空气中含有大量污染物质和微粒物质。

公园和广场

在城市里，这些区域有最丰富的生物多样性，本地物种与外来物种并存，候鸟迁徙途中甚至利用这些地方做临时休憩之地。

4.8亿公顷

这是全世界所有大都市中心占地的总面积，相当于地球表面积的4%。

高高在上

鸟类和蝙蝠在屋顶和窗台上筑巢，其他动物（如昆虫与啮齿动物）利用建筑物作为生活空间，其所达到的高度是它们在自然界中永远不可能实现的。

无生命力的混凝土?

混凝土不能阻止生命的进程。有几种植物能够在铺砌层面的缝隙或孔洞中生长，它们也利用这些空间积存的水分，这些植物进而又成为很多微生物的家园。

地层下面

这个区域居住着相当数量的昆虫和老鼠种群，它们夜间出来觅食。另外，地下区域还有大量不同的真菌、细菌和蠕虫。

280

这是一只雌老鼠一生所产后代的总数，雌老鼠在生育48小时后就能发情受孕。

生存策略

城市为很多物种提供了优越条件，这里气候更稳定，也没有大型天敌。但是城市环境复杂，物种需要具备某些策略才能生存。

灵活的食物习性

很多物种接受了新的进食习惯，在很多情况下，它们以人们丢弃的垃圾作为食物。

与人类的接触

很多物种与人类接触后，不再害怕人类。人与动物间的最小安全距离缩短了，有些动物（如野鸽）甚至让人直接接触它们。

学会新的行为模式

动物学会了如何撕开垃圾袋来获取食物。有报道说，在英国甚至有鸟类（蓝山雀 *Parus caeruleus*）打开过牛奶瓶喝奶。

密度较低，生存更容易

虽然某一动物种群的密度在都市环境中看似低于野外，但是一般都市环境中每个个体动物的寿命都会长得多。

适应性冠军

某些物种对都市生活适应得非常成功，在世界几乎所有的城市中，它们成为了都市风光的一部分。

鸽子与麻雀

这些鸟类出现在所有主要都市的中心，它们在城市的树木或建筑上筑巢，把垃圾作为它们食物的一部分。

蝙蝠

这种哺乳动物在高处筑巢，虽然它的外貌和夜行习性让人感到恐惧，但它们有助于控制讨厌的蚊子种群。

老鼠

它们会住在地下，吃蟑螂和垃圾。

蜘蛛

这种物种的大部分已经适应了都市生活，有些甚至在房子内筑巢。它们以昆虫为食。

蟑螂、蚂蚁和飞蛾

对在城市里与人共处，它们显得特别适应。人们几乎没办法把它们消灭掉。

蚊子

它们不仅与人类生活在一起，为了繁殖，雌蚊子甚至还吸人血。

研究大自然

揭开大自然最复杂的奥秘是一项艰巨的任务，有时需要几代科学家多年的研究。所有严肃的科学探索都建立在科学方法之上，就生态学来说，往往涉及到理论建构（假说与结论的阐述）与实践性考虑（进行实地调查）。科学家可以利用各种工具和特别的方法来研究活的有机体。

科学方法

为了确立可验证的知识，要运用科学方法。通过这种方法获得的结论应该可以得到验证，所做的实验任何人都应该可以复制。

1 假说

这是从早期观察中得出的临时性解释，需要通过实验来验证。

22年

这是博物学家达尔文推迟发表《物种起源》一书的时间，他用这一理论来解释通过自然选择机制进化的现象。

5 做出结论

在对实验结果和收集的数据进行解释的基础上得出结论，结论也可能显示假说不成立。在很多情况下，不成立的假说会成为需要验证的新假说的起点。当然，实验结果也可能会肯定最初提出的假说，在此情况下，实验应该具有可重复性，以便其他科学家可以验证这一工作。

一旦在该研究领域的学术核心期刊上发表后，一项科研工作就得到了确认。

6 000

这是世界上最大的动物——蓝鲸（*Balaenoptera musculus*）的现存数量。

4 数据分析

对获得的数据进行处理与分析。

采样

根据研究领域，生态学家们会使用不同的方法进行现场采样。

方形分区法，样带法与网具采样法

因为往往不可能在某个完整的区域统计每一个样本，所以可以利用方形分区法：数出一个方形区内的物种数，然后用这个信息推测整个区域内的物种总数。

另一方面，样带法常常被用于研究生物体类型变动和过渡的区域。使用这一方法时，研究人员会沿着研究区域的一条直线对个体进行计数，然后尝试将结果与环境的变化建立联系。

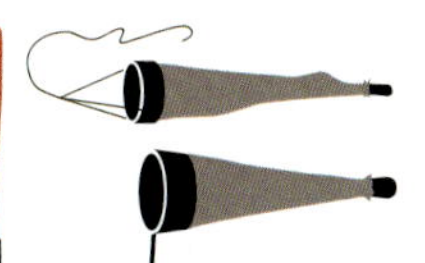

采样网具是捕捉昆虫、浮游生物、鱼甚至鸟类的有效工具。

套标签

在某些研究过程中，需要对动物套上标签，然后释放。无线电发射装置和卫星技术的使用已经使大规模追踪成为可能。

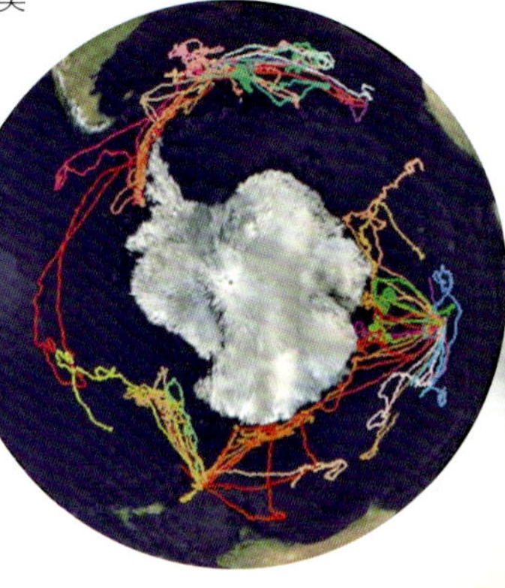

这是卫星影像显示的南极大陆，带颜色的线条表示戴着无线电发射器标签的不同南方象海豹（*Mirounga leonina*）所行走的路线。

2 实验设计

一旦建立了某个假说，应该通过设计实验来验证该解释是否成立。

1 500米

这是象海豹能够下潜的深度。由于利用了跟踪发射器进行研究，才发现了这一事实。

设置诱捕装置

可以利用不同的诱捕装置来捕捉不同类型的动物，图中所示的诱捕装置利用趋光性捕捉夜行昆虫。

3 实验过程

通过实验来验证假说。生态学中，实验常常同从实地调查中所采集的样本有关，根据研究对象的不同，可以采取几种不同的实验方法。

0.076毫米

这是用来采集浮游生物的滤网的网眼尺寸。

分析环境

为了了解任何特定地区的生命体，需要研究这一地区的气候、土壤和水质。

可持续解决方案

如果人类活动的现行趋势持续下去，数十年内，将只有一小部分野生动植物能够幸存下来，人类的生存也会面临威胁。但是目前出现了一些鼓舞人心的迹象。近年来，人们已经越来越意识到人类活动所造成的生态破坏，全世界很多人正努力寻找环保问题的出路，这样人类就能与环境和谐共存。

当务之急

人类在寻找解决破坏生物圈的出路时，需要立即采取一定步骤来产生最大的收益。

0.5%

这是世界上目前生产的清洁或可再生能源（如太阳能、风能或地热能）所占的比例。

术 语

半荒漠

比沙漠范围更大、更肥沃、降水更频繁（年降水可达400毫米）的栖息地，因此允许更多植物生长，有些地方终年炎热，有的冬季非常寒冷。

半透光区

位于透光区下的大洋水层，能延伸至500米深，穿透的光线很少，但足以供动物白天视物需要。

标记系统

对被研究的动物做记号，将动物释放后能够对其进行跟踪的系统。

捕食行为

某一生命体捕食另一活生命体的现象。

参天林木层

热带森林的最上层，位于树荫冠盖层之上，由高可达75米、不连续的参天大树的树冠构成。

草原

以牧场为主的广袤开阔的大片平原，在温带和热带气候区都有发现。

常绿森林

由常绿树物种即终年保留着树叶的树构成的温带森林。其地面层有丰富的动物种群。

超深海区

深度6 000米以下的大洋水层，温度极低，静态水压极大。

潮间带

位于水与潮上带间的沿岸区域，高潮位时被淹没在水下，低潮位时暴露在空气中。在湖泊中，指从水畔到水生植物边缘的透光区部分。

潮上带

海洋沿岸距离潮水最远的滩涂区域，从不被水淹没。

潮下带

总是处于水下的沿海岸滩涂区

大洋海沟

海床上因海下地球板块碰撞所形成的数千米深的凹陷。

代谢水

食物释放能量时，由化学反应引起的细胞呼吸所产生的水。对生活在水源稀缺的栖息地的动物来说，代谢水至关重要。

地平层

与地表平行的表层土壤，具有土壤形成过程中产生的一定特征，其结构、组成和厚度取决于土壤的矿物类型、气候、帮助它形成的生命体以及形成的时长。

地域性物种

生活在特定地理环境、在划定区域外找不到自然生存的独特生物物种。

冻原

围绕北极的区域，特征是极度寒冷、狂风肆虐、不长树木、土质贫瘠，地表下有一层永冻层，植物物种稀少，如只有草、苔藓、地衣和灌木丛等。

分解者

在营养链中，蚕食已死有机物质的生物体。真菌、细菌、蚯蚓以及其他一些生物都是典型的分解者。

浮游植物

源于植物（微生物和单细胞藻类）的水生生物聚集，能进行光合作用，能自由漂浮。植物性浮游生物生活在海洋最接近水面的水体，是海洋食物链的基础。

腐殖质

表层土壤中有机物分解产生的物质，含有大量碳，因此呈黑色。

附生植物

利用另一植物的树干或树枝作为固着点并在上面扎根（但不是寄生在上面）的气生植物。

共栖现象

两种物种间的共生关系，其中之一从中得益，但既不伤害也不会有助于另一物种。

共生关系

两种不同物种的生物体之间形成的永久相互关系，使其中至少一方受益， 而另一方也受益（互惠共生）、或受害(寄生现象)或无所谓是否受益（共栖现象）。

合作

指共同分享同一栖息地、相互补充而不是相互竞争自然资源的两种不同物种间的关系。

湖沼带

湖泊（表面）透光区的一部分，远离岸边，是植物性浮游生物生长的地方。

互斥原则

在此原则下，两个物种为了同样的有限资源进行直接竞争，胜者生存，败者灭绝。

互惠共生

两个物种都能从中受惠的共生关系。

基岩

承载土壤的坚固岩层，形成R地层。来自于大气和生命体相互作用的影响使岩层产生的变化是土壤形成的起点。

集群

紧密相连、在合作基础上组织起来共同生活的一组生命体。

寄生现象

两个物种之间的一种共生关系，其中一种物种受益，而另一物种受害。

胶结作用

沉积物中由流体携带的颗粒结为一体而变成岩石的过程。

界

根据生命体的形态特征和进化历史，将生命体纳入的五个组（动物界、植物界、原生生物界、原核生物界和真菌界）之一，是对生物体分类的最高层级。

竞争

存在于群落内的物种之间为获取同一稀缺资源而争斗的情况。如果竞争出现在两个物种间，强者往往取得支配地位，而弱者则会绝种。

科学方法

科学研究中所遵循的步骤，以获得确切的知识。虽然根据不同学科有所变化，但它建立在某些共同的原则上：观察研究的现象；形成某种假说；通过实验进行经验性验证；分析获得的数据；然后得出结论，以肯定或否定提出的假说。

领地意识

某些个体划地为界、独自控制某一领地的倾向。

落叶林

温带森林，主要分布在北半球，由落叶树物种即每年一定时期树叶会掉落的乔木组成。落叶林地的土壤特征是覆盖着一层丰富的分解物质，有利于众多无脊椎动物生存。

牧场

草类繁茂生长的地区

栖息地

为某一物种提供生存条件且已为这一物种所适应的物理空间。

迁徙

某些物种为了寻找食物或更温暖的气候，或为了繁殖，向其他栖息地所进行的迁移，通常是季节性的。迁徙可以是沿海拔高度垂直走向的（从高海拔地区迁向低海拔地区），也可以是水平方向的（迁向其他纬度地区）。

群聚

某些动物物种永久或暂时汇集成群的倾向。

群落

一组不同生物物种的各个种群共享一个公用的环境且种群间有相互作用与影响。

群落生境

特定的动植物物种组成的生物群落自然发生的有限物理空间。

热带森林

发现于温暖和炎热气候地区的森林，接近赤道。特征是有大量各种高大乔木以及大量不同的动物物种。

热带稀树草原

南半球热带气候地带的草原，其特征是稀稀落落的树木，以相思树和猴面包树为主，终年气候温暖，干旱与湿热的季节交替更迭。

热岛效应

由于夜间散热困难，都市区域内发生的热量积累。这种情况很大程度上是大量吸热材料高度集中的结果，随着夜间外部温度下降，这些材料将吸收的热量向大气释放。

热液出口

海床火山区的裂隙，由此喷出极热的水流和气流，温度在270~400℃波动。

沙漠

以极度干燥气候（年均降水量少于150毫米）为特征的陆生生物群落区，昼夜温差变化很大，植被稀少，主要由仙人掌和肉质植物组成，在此生存的动物特别适应“节水”生存。

山地

生态学中，因海拔升高而引起温度、含氧量和阳光辐射入射率变化为特征的陆生生物群落区。出现在地球的不同区域，可以有温带或热带山地。

珊瑚

属于刺胞动物门的小型海洋珊瑚虫，能够分泌钙质骨架。珊瑚成千上万地聚居，与单细胞藻类共生形成无数群落。

珊瑚环礁

环状的一个或一组珊瑚小岛，内有一个与海洋连通的潟湖（环礁湖）。

珊瑚礁

热带海洋近海岸线或浅水区域发育的固态生物结构，由无数珊瑚虫群落的钙化骨架胶结而成。

深海区

大洋里深度3 000~6 000米的水层，这里温度低，养分短缺，完全没有光线。

生产者

在营养链中，以无机物物质为基础为自己生产食物的生物体。陆生植物和水生藻类都是生产者有机体，构成营养网络的第一层级。

生态位

某一物种的整体环境，包括适合生物发育与行为的物理条件（温度、湿度、光照等）和生物学条件（食物、天敌、竞争者等）。

生态系统

由构成一个群落（生命体或生命组成）的种群整体与它们发育的环境（物理环境或非生命成分）构成的单位。这一概念出现于20世纪20年代，涵盖了生物体之间以及它们与环境之间的相互作用和发生在该系统内的能量与物质的流动。

生态学

研究生命体间相互作用以及它们与环境相互作用的科学。该术语于1866年由欧内斯特·海克尔引入。

生物多样性

地球上存在的各种不同物种生物的总体。在生态学中，这个概念也涵盖同一物种内的遗传差异和生态系统的差异。

生物圈

地球上生命发生的空间，包括地球地表，水圈和大气层内层。地球上这一生物可生存的区域厚度不超过20千米。

生物群落

同一生态环境内聚集生存的生物体群落。

生物群系

共享相似植被与动物环境的一组生态系统。陆生生物群系的定义基础是占支配地位的植被，分为森林（温带、热带与北方森林）、草原、山地、沙漠和极区；而水生生物群系（海洋与淡水）的定义基础是生物地球化学特性。

食草兽

主要以树叶、嫩芽和果实为食的草食动物。

食物链或营养链

生态系统中生命体间相对于其所需营养的完整链环或关系，通过它发生能量转移。

树荫冠盖层

森林的上层，由占支配优势的树木的树冠组成。

双名法

利用来源于拉丁或希腊—拉丁词根的两个词的组合来科学命名生物的规则；第1个词指示属，第2个词是补充第1个词以形成物种名称的描述语。

水底区域

在湖泊中，指其最深的一层，覆盖着淤泥，生活着水底生物。在大洋里，仅指含大洋海床的区域。

水底生物

诸如某些植物、微生物、藻类、细菌以及某些动物（如海绵和某些软体动物）等这类生活在水体环境底部的生物。

酸性

土壤中氢浓度的水平，以幅度范围为0~14的pH（氢离子浓度）值来表示。pH值越低，土壤酸性越强，pH值越高，土壤碱性越强。

泰加林

气候寒冷、劲风肆虐地区生长的针叶林，也称为北方森林，是地球上面积最广的林带。

透光区

海洋或淡水水体的表层，温暖且养分丰富，生长着植物性浮游生物。

土壤

各大洲表面构成生命能够发育的自然基质的整套物理、化学和生物学元素层，由岩石与外部因素间的相互作用产生。

土著物种

起源于特定区域内、或自然到达该区域并按照进化标准在相当长时期内生存在那里的物种。

伪装

某些生命体模仿周围环境以逃避天敌注意的能力。

无光区

海洋或湖泊中阳光不能到达、因此不能发生光合作用的水层。

下层林木

森林中的过渡层，位于森林地面和树荫冠盖层之间，也称为下层灌木，包括灌木、灌木丛和攀缘植物等。

纤维素

植物细胞壁中存在的碳水化合物聚合体，在草中含量特别丰富。因为很难消化，食草动物消化系统内有能够分解纤维素的微生物，使它成为可吸收的成分。

消费者

在营养链中，从活着的或刚死去的有机体获得能量的物种。食草动物是初级消费者，从食草动物获得能量的食肉动物是二级消费者，接下来，它们又是三级消费者的能量来源；如此类推。

小气候

与所在地区相比，具有完全不同特征的局部性气候。

潟湖

比湖泊小的自然静水积淀，深度在2~30米范围内，是众多动植物物种的栖息地。

厌氧菌

一种不需要氧气就能生存的细菌。事实上，氧气对某些这种细菌甚至有杀灭性。某些这类细菌生长在有机体缺氧区域和分解过程中的组织里，如又深又脏的伤口里，能引起伤口发炎。

营养层级

物种在营养链或食物链中的位置，以能量发生转移的一系列步骤为基础。生产者成为其第一层级，之后是消费者和分解者。

永冻层

极地和冻原地区终年冻结的土壤层，也间歇出现在世界其他平均温度低于0℃的地区。

沼泽

深度可达1米的静水区，由地面洼地的自然积水形成。沼泽形成植物丰富的栖息地，为很多动物物种提供大量的食物。

针叶林

由针叶树物种构成的森林。针叶林区的特点是生长在低温地区，树林密度高，土壤有较高的酸性。

针叶树

种子生于被称为锥果的繁殖结构中的乔木或灌木，有很强的抗性，能在低温和强风中生存，可在高纬度地区以及中纬度和热带的高山上见到。

种群

生活在某个给定区域的同一物种的一组个体，能够相互交配繁殖。

种群密度

每个表面单位面积上生活的个体数。

索 引

F

G

H

J

T